U0161282

结构弹性波传播分析的时域谱单元方法及应用

徐 超 鱼则行 著

科学出版社

北 京

内 容 简 介

时域谱单元方法是求解结构弹性波传播行为的一种新型高效的数值方法。本书详细地阐述了时域谱单元方法的基本理论及其在结构弹性波传播分析问题中的应用。全书共 10 章,主要介绍了结构波传播问题及时域谱单元方法的发展概况和基本理论;推导了应用于结构波传播分析问题的各类时域谱单元,包括杆、梁、平面、轴对称、三维实体和三维实体压电耦合等单元,并给出 MATLAB 应用程序和实例;针对含裂纹结构损伤监测及冲击载荷识别问题,给出了具体的应用程序和监测方案。

本书可作为结构健康监测、结构分析和飞行器设计等相关专业科研人员的参考书,也可作为高等院校相关专业研究生和高年级本科生的教学用书。

图书在版编目(CIP)数据

结构弹性波传播分析的时域谱单元方法及应用 / 徐超,鱼则行著. —北京:科学出版社,2020.6

ISBN 978-7-03-064258-5

Ⅰ.①结⋯ Ⅱ.①徐⋯ ②鱼⋯ Ⅲ.①弹性波-波传播-研究 Ⅳ.①O347.4

中国版本图书馆CIP数据核字(2020)第017806号

责任编辑:张海娜 赵微微 / 责任校对:王萌萌
责任印制:赵 博 / 封面设计:蓝正设计

科学出版社 出版
北京东黄城根北街 16 号
邮政编码:100717
http://www.sciencep.com

三河市骏杰印刷有限公司印刷
科学出版社发行 各地新华书店经销

*

2020 年 6 月第 一 版 开本:720×1000 B5
2024 年 7 月第四次印刷 印张:11
字数:221 000

定价:98.00 元
(如有印装质量问题,我社负责调换)

前　言

　　飞行器在全寿命周期服役过程中，不可避免地会出现因外部环境因素或自身性能退化导致的各类损伤，典型的损伤有疲劳裂纹损伤、螺栓连接松动损伤和冲击损伤等。在线、原位地对结构的损伤情况和健康状态进行识别和监测，对确保飞行器结构的安全性、可靠性以及延长使用寿命等具有重要的意义，其经济效益也十分显著。因此，飞行器结构健康监测已成为航空航天领域重要的前沿研究课题。

　　当弹性波在有限介质中传播时，弹性波会在介质的边界发生反射和透射等现象。此时，弹性波的纵波与横波不再独立解耦，这类弹性波称为导波（guided waves，GW）。超声导波频率高、波长短。当波在传播路径上发生性态改变时，通过研究导波传播特性的改变即可实现对飞行器结构健康状态的监测。近年来，基于超声导波的结构健康监测方法因其具有监测范围广、灵敏度高及易与结构集成等优点，十分适合对飞行器薄壁结构的健康状态进行在线、原位监测，现已成为飞行器结构健康监测领域的研究重点。

　　导波在实际结构中的传播行为十分复杂，除了与损伤发生耦合外，因为传播介质的变化还可能发生反射、透射和散射等，进而出现波速频散等现象，这都给定量化结构健康监测带来了困难。因此，深入理解导波在结构中的传播行为及其与损伤相互作用的机理对实现基于超声导波的结构健康监测方法在工程中的实际应用至关重要。此外，当结构受到冲击等短时载荷激励时，分析和计算弹性波在结构中的传播行为对认识结构的动力学响应及发展有效的冲击防护方法也具有重要的指导作用。

　　目前，对弹性波在实际结构中传播行为的分析一般采用数值方法。传统数值方法，如有限差分法、经典有限单元法等在应用于此问题时往往存在离散化困难或计算精度和效率低等问题。时域谱单元方法是将谱单元方法和有限元法相结合而发展起来的一种新型高效的数值方法，最早应用于求解流体动力学问题，近年来才逐步应用于求解结构波传播分析问题。因此，将时域谱单元方法应用于结构波传播分析和结构健康监测中还属于蓬勃发展的新领域，虽然已取得了很多理论和实践成果，但仍缺乏比较系统全面和兼具可操作性的专著。

　　本书遵循"少而精"的原则，在团队多年研究工作的基础上，系统地总结了时域谱单元方法的基本理论及其在结构弹性波传播分析问题中的应用，同时给出了相应的 MATLAB 应用程序。本书既是作者对研究工作的一个总结，也是助推本领域研究继续深化的一块"铺路石"。全书内容共 10 章。第 1～3 章为基本理论部分，介绍结构波传播问题的研究背景、基本方程及时域谱单元方法的发展概况和基本理论；第 4～8 章分别推导应用于结构波传播分析问题的各类时域谱单元，包括杆、梁、平面、轴对称、三维实体、三维实体压电耦合等单元，并同时给出MATLAB 应用程序和实例，方便读者学习；第 9、10 章分别研究时域谱单元方法在含裂纹结构损伤监测及冲击载荷识别问题中的应用，也一并给出了 MATLAB应用程序和实例。

在本书撰写过程中，参考了国内外相关领域专家学者的部分研究成果，并得到很多领导和专家的指导和帮助。团队的研究生王腾在前期研究探索过程中，做了很好的铺垫性工作。在此一并感谢。

本书的撰写得到国防基础科研核基础科学挑战计划(TZ2018007)、国家自然科学基金(11372246)等项目的资助，在此表示感谢。

限于作者水平，书中难免存在不妥之处，敬请读者不吝指正。

作　者

2019 年 11 月

目　录

第1章 绪 论

1.1 结构波传播分析问题的研究背景

随着航空航天技术的发展，人们对飞行器结构安全性的要求越来越高。飞行器发射前的运输、调试、在轨飞行，以及飞行器的重复使用过程中，都有可能发生结构损伤或性能退化，出现裂纹、连接松动、腐蚀等现象。飞行器恶劣的服役环境又会加剧这些损伤从而可能导致严重的后果。因此，发展快速、有效的面向飞行器全寿命周期的结构健康监测技术已成为迫在眉睫的任务。

近年来，基于超声导波的结构健康监测方法受到越来越广泛的重视[1, 2]。超声导波由于具有传播速度快、监测范围广、对微小损伤敏感的特点，被认为具有实现在线、原位结构健康监测的潜力。导波属于在结构中传播的一种弹性波。弹性波是应力和应变在弹性介质中传递的形式。在无限大的介质中传播的弹性波称为体波，体波可以分为横波和纵波，两种波在无限大介质中传播互不耦合。但是，当介质存在边界时，波会在边界处发生反射和透射从而引起波型转换，横波与纵波不再独立解耦，此时的弹性波称为导波。常见的导波有兰姆波(Lamb 波)和勒夫波等。约束弹性波传播的介质称为波导。

兰姆波是指在边界自由的平板结构中传播的导波。这种导波广泛应用于结构健康监测中。Tua 等用兰姆波进行了平板结构中的损伤检测研究[3]；严刚等则采用兰姆波完成了复合材料中的损伤成像[4]；袁慎芳等研究了基于兰姆波的结构健康监测技术中传感器的优化配置问题[5]。此外，还有许多学者关注兰姆波在结构中的散射问题。例如，Mindlin 建立了兰姆波的频散方程[6]；Diligent 等采用实验的方法研究了兰姆波的散射问题[7]；Ahmad 等则采用半解析的方法研究了兰姆波在复合材料层合板中的散射问题[8]。

在实际结构健康监测应用中，弹性波通常由粘贴或嵌入在结构中的压电元件主动产生。图 1.1 给出了典型的基于主动弹性导波的结构健康监测实验系统图。系统主要由任意波形发生器、信号放大器、数据采集系统、计算机、压电元件(驱动器、传感器等)和待测结构等组成。结构健康监测的过程可以概括为根据待测结构的特性，通过任意波形发生器产生合适的激励信号，经过信号放大器，输入集成在待测结构上的压电元件。由于逆压电效应，压电元件使结构发生变形，产生相应的弹性波。波在结构中传播，引起压电元件的变形，从而在元件中产生电压的变化。通过数据采集系统记录该电压信号的变化并传输至计算机。在计算机中分析采集到的信号，即可判断结构是否存在损伤，并进一步确定损伤大小和位置等信息。整个过程耗时很短，因此可以对结构进行快速、原位的长期监测。

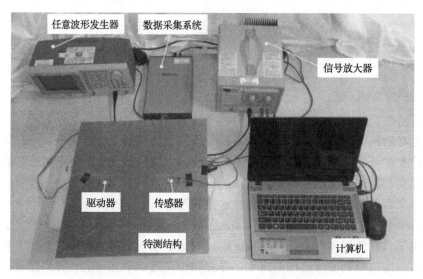

图 1.1　基于主动弹性导波的结构健康监测实验系统

导波在结构内传播的过程中由于介质的变化可能发生反射、透射、散射等，进而出现速度频散等现象，给定量化结构健康监测带来困难。因此，深入理解导波在结构中的传播行为及其与损伤相互作用的机理对实现基于超声导波的结构健康监测方法在工程中的实际应用至关重要。

此外，在结构受到冲击等短时载荷激励时，分析和计算应力波在结构中的传播行为对认识结构的动力学响应及发展有效的冲击防护方法也具有重要的指导作用。

1.2　结构波传播问题的分析方法

认识和理解复杂结构中的波传播行为一般通过实验和数值模拟方法来实现。随着计算机技术的快速发展，数值模拟逐渐成为研究结构波传播行为的主要手段。

目前，对于波传播行为的分析计算方法主要包括解析法、有限差分法、有限条元法、有限元法、边界元法和谱单元方法等。解析法主要解决简单几何、简单边界条件下结构的波传播问题，无法对复杂问题进行求解。有限差分法一般要求规则的几何网格，当结构的材料特性和几何形状发生变化时，应用较为不便。有限条元法具有较低的离散度，但不适用于建模复杂的结构。有限元法具有较好的几何适应性和求解精度，是目前常用的数值方法，然而超声导波的高频、短波长特性常常导致计算规模急剧上升，计算耗费时间长和占有内存大；边界元法更适合无限大、半无限大等空间中的波传播分析问题。谱单元作为一种高阶的特殊有限元，结合了有限元法的几何适应性和谱方法的快速收敛特性，并具有质量矩阵对角化、计算效率高的优良特性，因此被认为是一种求解结构中波传播问题的新型高效数值方法。

本节主要对解析法、有限元法和谱单元方法在结构波传播分析问题中的发展和应用情况进行概要介绍。

1.2.1　解析法

解析法一般能够得到显式的解析表达式，能够更明确方便地帮助人们认识波传播的规律和机理。简单几何结构的波传播问题可以推导出解析解，如规则几何的杆、板结构等[9, 10]。Liu 等通过解析法求解了环面结构中的波传播问题[11]。然而，解析法目前还主要用于求解简单几何和简单边界条件结构的波传播问题，对于复杂波传播问题还很难求解，难以满足实际工程结构的需求。

1.2.2　有限元法

经典有限元法(finite element method，FEM)通过对求解区域划分单元和对时间轴数值积分进行空间离散和时间离散，一般采用低阶形状函数在单元内进行位移插值。随着计算机技术的发展，有限元法得到了广泛的应用，出现了很多成熟的商业软件，如 Nastran、ANSYS、Abaqus 等。这些软件都含有强大的功能模块，既可以用于传热学、静力学分析等，也可以用于波传播分析。

Moser 等采用有限元法求解了弹性波在环状结构中的波传播行为[12]；Hill 等采用有限元软件 PAFEC 计算了类板结构中的超声波传播行为[13]；Sorohan 等采用商业有限元软件 ANSYS 计算了板结构的频散曲线[14]；Bartoli 等将商业有限元软件 Abaqus 的显式动力学模块用于长距离铁轨中的导波传播分析[15]；Gresil 等比较了解析法、有限元法、实验测试的波传播结果[16]，其中有限元法采用 Abaqus 的显式动力学模块，并考虑了压电和逆压电效应。

在波传播分析中，由于超声导波具有高频、短波长的特性，使用有限元法需要划分精细的网格并采用很短的时间积分步长，从而造成计算耗费很大。对有限元显式动力分析，文献[12]中推荐的单元尺寸和数值积分步长为

$$l_e = \frac{\lambda_{\min}}{20} \tag{1.1}$$

$$\Delta t = \frac{1}{20 f_{\max}} \tag{1.2}$$

式中，l_e、Δt 分别为单元尺寸和时间积分步长；λ_{min}、f_{max} 分别为弹性波的最小波长和最高频率，实际计算中，为了获得较高的计算精度可能还要取更小的值。例如，计算中心频率为 200kHz 的弹性波在 $1m^2$ 的铝板中传播（横波波速约为 3000m/s），需要约 1776000 个四节点单元、3559000 个自由度的计算规模，积分步长约为 0.25μs。

1.2.3　谱单元方法

谱单元方法（spectral element method，SEM）是将谱方法和有限元法相结合而发展起来的一种新型高效数值方法。目前，国内外已发展的谱单元方法主要分为两种：一种是基于快速傅里叶变换（FFT）的频域谱单元方法[17, 18]；另一种是基于特殊正交多项式的时域谱单元方法[19]。

1. 频域谱单元方法

基于 FFT 的频域谱单元方法由普渡大学的 Doyle 提出[17, 18]。与有限元法类似，频域谱单元方法首先从微分方程的精确解出发建立结构动态频变的单元质量矩阵和刚度矩阵，再进行组装。然后采用 FFT 将结构激励信号转换到频域，进行求解，采用三角函数进行逼近可以得到微分方程的频域解。最后通过 FFT 逆变换得到结构的时域响应。频域谱单元方法由于其快速收敛特性，可以以更少的单元求解一些波传播问题[20-22]，尤其是无限或半无限结构。

为了克服 FFT 的截断特性，Igawa 等用拉普拉斯变换代替 FFT，从而能够求解有限空间尺寸框架结构中的波传播问题[23]。Chakraborty 等将频域谱单元应用在求解各向异性板及层合介质中的波传播问题[24-26]。然而，频域谱单元方法在有效求解有限尺寸结构中的波传播问题时仍存在一定局限性。频域谱单元方法其他进展工作可参考文献[27]～[31]。

2. 时域谱单元方法

时域谱单元方法最早由麻省理工学院的 Patera 提出[19]，用于求解流体力学问题[32-35]，后逐渐被用于传热[36]、地震[37-41]等问题。时域谱单元方法基于特殊正交多项式插值（如 Legendre 多项式或 Chebyshev 多项式），实际上是一种特殊的高阶有限元。由于插值节点的非等距分布，该方法可以避免一般高阶有限元法中的龙格效应问题[42]。

如图 1.2 所示，采用多项式逼近函数 $R(x) = 1/(1+a^2)$。等距内插值节点多项式在边界处出现明显的振荡，即龙格效应（龙格效应是指当单元内节点为线性分布时，随着插值阶次的提高，插值函数会在单元边界处发生剧烈的振荡，引入不可忽略的误差），而采用 Gauss-Lobatto-Legendre 节点（非等距分布）振荡较小。此外，一些时域谱单元方法由于其特殊的数值积分方法，采用相同的非等距节点进行数值积分和位移插值，质量矩阵具有对角特性。利用这一特性可以通过逐元技术大大提高动力学方程求解效率，减小内存占用[43, 44]。

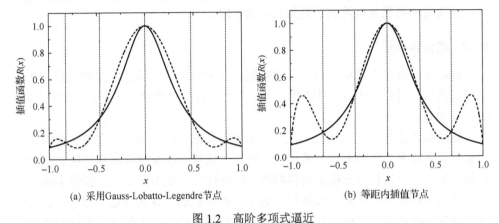

(a)　采用Gauss-Lobatto-Legendre节点　　　　　　　(b)　等距内插值节点

图 1.2　高阶多项式逼近

1.3　时域谱单元方法在结构波传播分析中的应用

时域谱单元方法结合了有限元的复杂几何适应性和谱单元方法的快速收敛特性，近年来在结构的弹性波传播模拟中得到了应用。一般根据单元在建立过程中是否引入结构力学的简化假设，可把单元分为连续体单元和结构体单元两类。下面简单介绍这两类时域谱单元的发展和应用。

1.3.1　连续体单元

连续体单元主要用于分析弹性波在二维平面结构及三维实体结构中的传播行为。这类单元直接对求解域进行离散，利用弹性力学控制方程建立单元运动方程，获得单元质量和刚度矩阵。对于二维平面问题，多采用三角形、四边形等单元对结构进行离散，对于三维实体问题，多采用四面体、六面体等单元对结构进行离散。例如，Komatitsch 等采用四边形、三角形单元分析了弹性波在二维结构中的传播行为[45]。Żak 等推导了一种 36 个节点二维平面时域谱单元方法[46]，用以分析含裂纹孔洞的平面结构中的弹性波传播行为。上海交通大学 Peng 等推导了三维实体谱单元用于分析弹性波在含损伤板结构中的波传播问题[47, 48]。

文献[49]建立了一种用于分析钢筋混凝土的三维时域谱单元方法。钢筋采用桁架谱单元建模，混凝土采用三维实体单元建模。两种单元在增强方向具有相同数量的节点，并且每个节点具有相同数量的自由度，这样可保证桁架单元和实体单元的节点位移一致。

文献[50]提出了一种可用于位移场离散和电场离散的三维实体谱单元。为了降低计算耗费，该单元在面内方向采用 36 个节点，而在面外方向仅采用了 3 个节点。由于能够对电场进行近似，该单元可用于建模压电晶片作动器和传感器，为结构健康监测问题分析提供了更为直接的手段。

1.3.2　结构体单元

杆、梁、板和壳结构具有明显的特征尺寸方向，为了降低计算的耗费，在采用时域谱单元进行分析时，可适当引入结构力学的基本假设，推导建立相应的杆、梁、板和壳谱单元。

Kudela 等推导了一维谱杆单元、梁单元和二维平面单元[51]，并将数值结果与有限元计算结果、实验测试结果比较，验证了谱单元的高效性和高精度。Żak 等详细讨论了一维谱杆单元模拟波传播的一些特性[52]，如节点分布、插值多项式阶次、质量矩阵对角化等对波传播行为数值模拟的影响，并认为这一结论可以推广到二维和三维问题。这些工作一般基于在材料或结构力学中所建立的杆和梁相关的理论。文献[53]给出了利用结构杆单元对波传播建模和分析结果的实验验证。

在板、壳结构波传播分析方面，Żak 等提出了一种基于 Chebyshev 多项式的谱单元方法[54]，能够同时得到板中传播的对称模式和反对称模式的兰姆波。2018年，Żak 等又提出一种高阶横向可变形的壳谱单元[55]，并通过一系列数值仿真，包括各向同性球壳的固有频率和振动模式的分析以及波传播分析，证明了在分析球壳结构中，所提出谱单元的鲁棒性和有效性。

文献[56]构造了一种 Mindlin 伪谱板单元，对板结构进行了静力、动力和波传播分析。该单元基函数采用 Chebyshev 多项式，节点采用 Chebyshev-Gauss-Lobatto 点，分别采用 Gauss-Legendre 积分和 Chebyshev 积分两种积分方法，形成单元的单元刚度矩阵。由于 Chebyshev 多项式的离散正交性和正交点与网格点的重叠性，仅用 Chebyshev 积分生成集总参数形式的质量矩阵。数值结果表明，该方法与经典有限元法相比具有较高的计算效率。此外，还发现在这种高阶伪谱板单元中，可以有效克服剪切锁定问题。

1.4　本章小结

结构健康监测是目前航空航天工程领域的一个研究热点。基于弹性波在结构中的传播特性进行结构健康监测是一种颇具潜力的技术方法。分析弹性波在结构中的传播行为是建立有效的基于弹性波传播的结构健康监测方法的基础。

实际结构中，弹性波传播的行为十分复杂，一般需借助数值工具求解。弹性波波长短、频率高，而实际几何结构又十分复杂，一般的数值方法，如经典的有限差分法、有限单元法等在求解此类问题时往往不够方便并效率较低。时域谱单元方法是一种将谱单元方法和有限元法相结合而提出的新的数值分析方法，其兼具谱单元方法的快速收敛特性和有限元法对复杂几何外形的适应性，以及求解过程的通用性等优点，一经提出就在流体动力学、传热、地震等工程学科得到广泛重视。

时域谱单元方法被应用于分析结构中弹性波的传播，以求发展更好的结构健康监测技术还是进入 21 世纪之后的事情。因此，结构波传播分析的时域谱单元方法及其应用仍处于蓬勃发展中。目前，国内外均没有成熟的通用计算软件。

本书基于作者研究团队近年来的研究成果，系统地对时域谱单元的基本理论、方法、所开发建立的各类时域谱单元和应用情况进行了介绍，并同时给出了自编的 MATLAB 应用程序，期望对推动该方法在国内的发展和应用有所裨益。

本章对结构波传播分析问题的研究背景、结构波传播问题主要的分析方法概况以及时域谱单元方法在结构波传播分析问题中的应用研究进展做了介绍。后续章节将分别介绍弹性波传播的基本理论、时域谱单元方法的基本理论、二维平面波传播分析的时域谱单元方法、轴对称结构波传播分析的时域谱单元方法、三维结构波传播分析的时域谱单元方法、杆梁结构中波传播分析的时域谱单元方法、功能梯度材料结构中波传播分析的时域谱单元方法、含裂纹结构中波传播分析的时域谱单元方法以及基于时域谱单元方法的桁架结构冲击识别等。

参 考 文 献

[1] Staszewski W, Tomlinson G, Boller C, et al. Health Monitoring of Aerospace Structures[M]. Chichester: John Wiley & Sons, 2004.

[2] 邱雷, 袁慎芳, 王强. 基于 Lamb 波主动结构健康监测系统的研制[J]. 压电与声光, 2009, 31(5): 763-766.

[3] Tua P S, Quek S T, Wang Q. Detection of cracks in plates using piezo-actuated Lamb waves[J]. Smart Material Structures, 2004, 13(4):643.

[4] 严刚, 周丽. 基于 Lamb 波的复合材料结构损伤成像研究[J]. 仪器仪表学报, 2007, 28(4): 583-589.

[5] 彭鸽, 袁慎芳. 主动 Lamb 波监测技术中的传感元件优化布置研究[J]. 航空学报, 2006, 27(5): 957-962.

[6] Mindlin R D. Waves and vibrations in isotropic, elastic plates[M]//Goodier J N, Hoff N J. Structural Mechanics. New York: Pergamon Press, 1960: 199-232.

[7] Diligent O, Grahn T, Boström A, et al. The low-frequency reflection and scattering of the S0 Lamb mode from a circular through-thickness hole in a plate: Finite element, analytical and experimental studies[J]. The Journal of the Acoustical Society of America, 2002, 112(6): 2589-2601.

[8] Ahmad Z A, Vivarperez J M, Gabbert U, et al. Semi-analytical finite element method for modeling of lamb wave propagation[J]. CEAS Aeronautical Journal, 2013, 4(1): 21-33.

[9] Graff K F. Wave Motion in Elastic Solids[M]. New York: Dover Publications, 1975.

[10] Viktorov I A. Rayleigh and Lamb Waves: Physical Theory and Applications[M]. New York: Plenum Press, 1967.

[11] Liu G L, Qu J M. Transient wave propagation in a circular annulus subjected to transient excitation on its outer surface[J]. The Journal of the Acoustical Society of America, 1998, 104(3): 1210-1220.

[12] Moser F, Jacobs L J, Qu J. Modeling elastic wave propagation in waveguides with the finite element method[J]. NDT & E International, 1999, 32(4): 225-234.

[13] Hill R, Forsyth S A, Macey P. Finite element modelling of ultrasound, with reference to transducers and AE waves[J]. Ultrasonics, 2004, 42(1): 253-258.

[14] Sorohan Ş, Constantin N, Găvan M, et al. Extraction of dispersion curves for waves propagating in free complex waveguides by standard finite element codes[J]. Ultrasonics, 2011, 51(4): 503-515.

[15] Bartoli I, di Scalea F L, Fateh M, et al. Modeling guided wave propagation with application to the long-range defect detection in railroad tracks[J]. NDT & E International, 2005, 38(5): 325-334.

[16] Gresil M, Giurgiutiu V, Shen Y, et al. Guidelines for using the finite element method for modeling guided Lamb wave propagation in SHM process[C]. The 6th European Workshop on Structural Health Monitoring, Dresden, 2012: 3-6.

[17] Doyle J F. Wave Propagation in Structures[M]. New York: Springer, 1989.

[18] Doyle J F. Wave Propagation in Structures: Spectral Analysis Using Fast Discrete Fourier Transform[M]. New York: Springer, 1997.

[19] Patera A T. A spectral element method for fluid dynamics: Laminar flow in a channel expansion[J]. Journal of Computational Physics, 1984, 54(3): 468-488.

[20] Krawczuk M, Palacz M, Ostachowicz W. The dynamic analysis of a cracked Timoshenko beam by the spectral element method[J]. Journal of Sound and Vibration, 2003, 264(5): 1139-1153.

[21] Mahapatra D R, Gopalakrishnan S. A spectral finite element model for analysis of axial-flexural-shear coupled wave propagation in laminated composite beams[J]. Composite Structures, 2003, 59(1): 67-88.

[22] Palacz M, Krawczuk M. Analysis of longitudinal wave propagation in a cracked rod by the spectral element method[J]. Computers & Structures, 2002, 80(24): 1809-1816.

[23] Igawa H, Komatsu K, Yamaguchi I, et al. Wave propagation analysis of frame structures using the spectral element method[J]. Journal of Sound and Vibration, 2004, 277(4): 1071-1081.

[24] Chakraborty A, Gopalakrishnan S. A spectrally formulated plate element for wave propagation analysis in anisotropic material[J]. Computer Methods in Applied Mechanics and Engineering, 2005, 194(42): 4425-4446.

[25] Chakraborty A, Gopalakrishnan S. Approximate spectral element for wave propagation analysis in inhomogenous layered media[J]. AIAA Journal, 2006, 44(7): 1676-1685.

[26] Chakraborty A, Gopalakrishnan S. A spectral finite element model for wave propagation analysis in laminated composite plate[J]. Journal of Vibration and Acoustics, 2006, 128(4): 477-488.

[27] Żak A, Krawczuk M. Assessment of rod behaviour theories used in spectral finite element modelling[J]. Journal of Sound and Vibration, 2010, 329(11): 2099-2113.

[28] Żak A, Krawczuk M. Assessment of flexural beam behaviour theories used for dynamics and wave propagation problems[J]. Journal of Sound and Vibration, 2012, 331(26): 5715-5731.

[29] Ostachowicz W M. Damage detection of structures using spectral finite element method[J]. Computers & Structures, 2008, 86(3): 454-462.

[30] Samaratunga D, Jha R, Gopalakrishnan S, et al. Wavelet spectral finite element for wave propagation in shear deformable laminated composite plates[J]. Composite Structures, 2014: 341-353.

[31] Ciampa F, Meo M, Barbieri E. Impact localization in composite structures of arbitrary cross section[J]. Structural Health Monitoring, 2012, 11(6): 643-655.

[32] Maday Y, Patera A T. Spectral element methods for the incompressible Navier-Stokes equations[C]. State-of-the-art Surveys on Computational Mechanics, American Society of Mechanical Engineers, New York, 1989: 71-143.

[33] Fischer P F, Kruse G W, Loth F. Spectral element methods for transitional flows in complex geometries[J]. Journal of Scientific Computing, 2002, 17(1-4): 81-98.

[34] Chauvière C, Owens R G. A new spectral element method for the reliable computation of viscoelastic flow[J]. Computer Methods in Applied Mechanics and Engineering, 2001, 190(31): 3999-4018.

[35] Zhang X, Stanescu D. Large eddy simulations of round jet with spectral element method[J]. Computers & Fluids, 2010, 39(2): 251-259.

[36] Dorao C A. Simulation of thermal disturbances with finite wave speeds using a high order method[J]. Journal of Computational and Applied Mathematics, 2009, 231(2): 637-647.

[37] Komatitsch D, Vilotte J P. The spectral element method: An efficient tool to simulate the seismic response of 2D and 3D geological structures[J]. Bulletin of the Seismological Society of America, 1998, 88(2): 368-392.

[38] Komatitsch D, Tromp J. Spectral-element simulations of global seismic wave propagation—I. Validation[J]. Geophysical Journal International, 2002, 149(2): 390-412.

[39] Martinec Z. Spectral-finite element approach to three-dimensional viscoelastic relaxation in a spherical earth[J]. Geophysical Journal International, 2000, 142(1): 117-141.

[40] Seriani G. 3-D large-scale wave propagation modeling by spectral element method on Cray T3E multiprocessor[J]. Computer Methods in Applied Mechanics and Engineering, 1998, 164(1): 235-247.

[41] Komatitsch D, Ritsema J, Tromp J. The spectral-element method, Beowulf computing, and global seismology[J]. Science, 2002, 298(5599): 1737-1742.

[42] Pozrikidis C. Introduction to Finite and Spectral Element Methods Using MATLAB[M]. Boca Raton: Chapman and Hall/CRC, 2014.

[43] 林伟军, 王秀明, 张海澜. 用于弹性波方程模拟的基于逐元技术的谱元法[J]. 自然科学进展, 2005, 15(9): 1048-1057.

[44] Seriani G. A parallel spectral element method for acoustic wave modeling[J]. Journal of Computational Acoustics, 1997, 5(1): 53-69.

[45] Komatitsch D, Martin R, Tromp J, et al. Wave propagation in 2-D elastic media using a spectral element method with triangles and quadrangles[J]. Journal of Computational Acoustics, 2001, 9(2): 703-718.

[46] Żak A, Krawczuk M, Ostachowicz W. Propagation of in-plane waves in an isotropic panel with a crack[J]. Finite Elements in Analysis and Design, 2006, 42(11): 929-941.

[47] Peng H, Meng G, Li F. Modeling of wave propagation in plate structures using three-dimensional spectral element method for damage detection[J]. Journal of Sound and Vibration, 2009, 320(4): 942-954.

[48] 彭海阔. 基于谱元法的导波传播机理及结构损伤识别研究[D]. 上海: 上海交通大学, 2010.

[49] Rucka M, Witkowski W, Chróścielewski J, et al. A novel formulation of 3D spectral element for wave propagation in reinforced concrete[J]. Bulletin of the Polish Academy of Sciences Technical Sciences, 2017, 65(6): 805-813.

[50] Ostachowicz W, Kudela P. Wave propagation numerical models in damage detection based on the time domain spectral element method[J]. IOP Conference Series: Materials Science and Engineering, 2010, 10(1): 012068.

[51] Kudela P, Krawczuk M, Ostachowicz W. Wave propagation modelling in 1D structures using spectral finite elements[J]. Journal of Sound and Vibration, 2007, 300(1): 88-100.

[52] Żak A, Krawczuk M. Certain numerical issues of wave propagation modelling in rods by the spectral finite element method[J]. Finite Elements in Analysis and Design, 2011, 47(9): 1036-1046.

[53] Rucka M. Experimental and numerical studies of guided wave damage detection in bars with structural discontinuities[J]. Archive of Applied Mechanics, 2010, 80(12): 1371-1390.

[54] Żak A. A novel formulation of a spectral plate element for wave propagation in isotropic structures[J]. Finite Elements in Analysis and Design, 2009, 45(10): 650-658.

[55] Żak A, Krawczuk M. A higher order transversely deformable shell-type spectral finite element for dynamic analysis of isotropic structures[J]. Finite Elements in Analysis and Design, 2018, 142: 17-29.

[56] Liu Y, Hu N, Yan C, et al. Construction of a Mindlin pseudo spectral plate element and evaluating efficiency of the element[J]. Finite Elements in Analysis and Design, 2009, 45(8-9): 538-546.

第 2 章　弹性波传播的基本理论

2.1　弹性波的基本概念

在弹性介质中的某一粒子受到外力扰动后，会偏离其原来的平衡位置。由于介质中各质点存在相互作用力，这种扰动也会引起附近其他粒子的振动，这种振动在介质中的传播即称为弹性波[1]。弹性波是应力波的一种，是扰动或外力引起的应力和应变在弹性介质中传递的形式。弹性波可以分为体波和导波两大类。

2.1.1　体波

在无限大的介质中传播的弹性波称为体波。体波又可分为纵波和横波两种。体波在传播过程中，横波与纵波相互解耦。

纵波又称为胀缩波，在地震工程中也称为初波、P 波等，如图 2.1 所示，这类弹性波的传播方向与质点振动方向平行，若两者方向一致，则是压缩波；若两者方向相反，则是拉伸波。横波又称为剪切波，在地震工程中也称为次波、S 波等，如图 2.2 所示，这种弹性波的传播方向与质点振动方向垂直。当质点在水平面内振动时，弹性波向前传播时就类似于蛇以 S 形路径爬行，这类横波称为 SH 波。当质点在垂直平面内振动时，这类横波称为 SV 波。

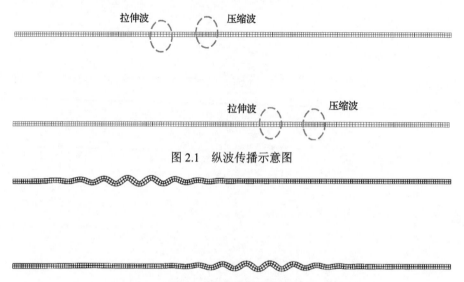

拉伸波　　　　压缩波

拉伸波　　　　压缩波

图 2.1　纵波传播示意图

图 2.2　横波传播示意图

2.1.2 导波

当弹性波在有限介质中传播时，弹性波会在介质的边界发生反射等现象，此时，弹性波的纵波与横波不再独立解耦，这类弹性波称为导波[2]。约束导波传播的介质称为波导。在数学上，导波与体波的控制方程相同。在求解体波传播问题时，无须考虑边界条件，而在求解导波传播问题时，不仅要满足控制方程又要考虑边界条件的要求。体波只有有限个波的模态(纵波、横波)，而导波存在无数波的模态。

在介质表面或两介质界面间传播的导波称为界面波。当相邻的介质为真空或空气时，此时弹性波称为表面波。常见的表面波有瑞利波和勒夫波等[3]。

瑞利波又称为 R 波，其质点在 xy 平面内做椭圆运动，弹性波沿 x 轴传播，如图 2.3 所示。随着介质深度 y 的增加，R 波的振动幅值逐渐减小。例如，在自然界中，大海表面水波翻滚便是一种 R 波。如图 2.4 所示，勒夫波的质点在水平面 xz 平面内做椭圆运动，弹性波沿 x 轴传播。与 R 波相似，勒夫波的振动幅值随着介质深度 y 的增加也不断减小。

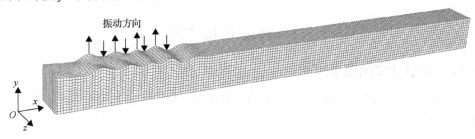

图 2.3 瑞利波振动

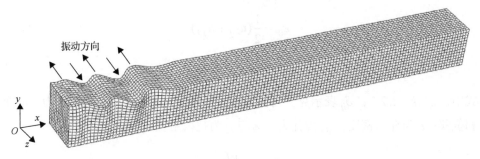

图 2.4 勒夫波振动

弹性波在自由边界的平板中传播时被称为兰姆波。这种波可以看成是很多纵波和横波经由边界反射后叠加而成的波。根据平板上下表面的运动模式，兰姆波可以分为对称模式 S 和非对称模式 A 两种，在每种模式中又包含 S0, S1, …和 A0, A1, …阶模式的兰姆波。

2.1.3　其他常见专业名词

(1) 波阵面：介质中区别扰动区域和未扰动区域的界面。在波阵面上，所有质点运动的相位一致。

(2) 波长：弹性波在单个周期内传播的距离，一般用 λ 表示。

(3) 波数：2π 长度内波长的数量 $k = \dfrac{2\pi}{\lambda}$。

(4) 波速：波传播的速度，指波阵面向前推进的速度，仅与传播介质相关。

(5) 相速度(phase velocity)：波的相速度或相位速度，或简称相速，是指波的相位在空间中传递的速度，换句话说，波的任一频率成分所具有的相位即以此速度传递。

(6) 群速度(group velocity)：波的群速度，或简称群速，是指波振幅外形上的变化(称为波的"调变"或"波包")在空间中所传递的速度。

(7) 频散：弹性波在介质中传播时，不同频率组分由于存在波速差而引起整体波包形状变化的现象。

2.2　体波传播方程

2.2.1　体波在均匀介质中传播

由弹性力学可知，体波在无穷大的三维均匀介质中传播的平衡方程、几何方程及物理方程可表示为

$$\sigma_{ij,j} + \rho f_i = \rho \ddot{u}_i \tag{2.1}$$

$$\varepsilon_{ij} = \frac{1}{2}(u_{i,j} + u_{j,i}) \tag{2.2}$$

$$\sigma_{ij} = \lambda \delta_{ij} \varepsilon_{kk} + 2\mu \varepsilon_{ij} \tag{2.3}$$

式中，$i, j, k = 1, 2, 3$；δ_{ij} 表示克罗内克函数；张量 $\boldsymbol{\sigma}$、$\boldsymbol{\varepsilon}$ 和 $\boldsymbol{u}$ 分别表示应力、应变和位移；ρ 为介质密度；f_i 为体力；λ 与 μ 为拉梅常量，分别定义为

$$\lambda = \frac{\nu E}{(1+\nu)(1-2\nu)} \tag{2.4}$$

$$\mu = \frac{E}{2(1+\nu)} \tag{2.5}$$

式中，E 为杨氏模量；ν 为泊松比。

考虑在完全弹性体中，应力及应变分量具有对称性，则式(2.3)可写为

$$\sigma_{xx} = (\lambda + 2\mu)\varepsilon_{xx} + \lambda\varepsilon_{yy} + \lambda\varepsilon_{zz}$$

$$\sigma_{yy} = \lambda\varepsilon_{xx} + (\lambda + 2\mu)\varepsilon_{yy} + \lambda\varepsilon_{zz}$$

$$\sigma_{zz} = \lambda\varepsilon_{xx} + \lambda\varepsilon_{yy} + (\lambda + 2\mu)\varepsilon_{zz}$$

$$\sigma_{xy} = 2\mu\varepsilon_{xy} \tag{2.6}$$

$$\sigma_{yz} = 2\mu\varepsilon_{yz}$$

$$\sigma_{zx} = 2\mu\varepsilon_{zx}$$

联立上述公式，可得系统的运动方程为

$$(\lambda + \mu)\boldsymbol{u}_{j,ji} + \mu\boldsymbol{u}_{i,jj} + \rho\boldsymbol{f}_i = \rho\ddot{\boldsymbol{u}}_i \tag{2.7}$$

忽略体积力 $\boldsymbol{f}_i$ 的影响，式(2.7)也可写为

$$(\lambda + \mu)\nabla(\nabla \cdot \boldsymbol{u}) + \mu\nabla^2\boldsymbol{u} = \rho\ddot{\boldsymbol{u}}_i \tag{2.8}$$

式中，∇ 表示偏分算子。根据 Helmholtz 分解，位移场矢量 $\boldsymbol{u}$ 可以分解为标量 $\varPhi$ 的梯度和矢量 $\boldsymbol{H} = H_x\boldsymbol{i} + H_y\boldsymbol{j} + H_z\boldsymbol{k}$ 旋度的叠加[4-6]：

$$\boldsymbol{u} = \nabla\varPhi + \nabla \times \boldsymbol{H} \tag{2.9}$$

并且有

$$\nabla \cdot \boldsymbol{H} = 0 \tag{2.10}$$

$$\nabla \cdot \boldsymbol{u} = \nabla(\nabla\varPhi + \nabla \times \boldsymbol{H}) = (\nabla \cdot \nabla)\varPhi + \nabla \cdot (\nabla \times \boldsymbol{H}) = \nabla^2\varPhi \tag{2.11}$$

$$\nabla^2\boldsymbol{u} = \nabla^2(\nabla\varPhi + \nabla \times \boldsymbol{H}) = \nabla^2\nabla\varPhi + \nabla^2\nabla \times \boldsymbol{H} \tag{2.12}$$

$$\ddot{\boldsymbol{u}} = \nabla\ddot{\varPhi} + \nabla \times \ddot{\boldsymbol{H}} \tag{2.13}$$

则式(2.8)可以写为

$$(\lambda + \mu)\nabla(\nabla^2\varPhi) + \mu(\nabla^2\nabla\varPhi + \nabla^2\nabla \times \boldsymbol{H}) = \rho(\nabla\ddot{\varPhi} + \nabla \times \ddot{\boldsymbol{H}}) \tag{2.14}$$

由微分的交换性可知，$\nabla^2\nabla = \nabla\nabla^2$，故

$$\nabla\big((\lambda + 2\mu)\nabla^2\varPhi - \rho\ddot{\varPhi}\big) + \nabla \times (\mu\nabla^2\boldsymbol{H} - \rho\ddot{\boldsymbol{H}}) = 0 \tag{2.15}$$

将式(2.15)拆解为标量部分和矢量两部分，即

$$(\lambda + 2\mu)\nabla^2 \Phi - \rho \ddot{\Phi} = 0 \tag{2.16}$$

$$\mu \nabla^2 \boldsymbol{H} - \rho \ddot{\boldsymbol{H}} = 0 \tag{2.17}$$

对式(2.16)和式(2.17)两边同时除以 ρ，则有

$$c_L \nabla^2 \Phi = \ddot{\Phi} \tag{2.18}$$

$$c_S \nabla^2 \boldsymbol{H} = \ddot{\boldsymbol{H}} \tag{2.19}$$

式中，c_L 为纵波波速；c_S 为横波波速，有

$$c_L = \sqrt{\frac{\lambda + 2\mu}{\rho}} \tag{2.20}$$

$$c_S = \sqrt{\frac{\mu}{\rho}} \tag{2.21}$$

因此，若假设位移场中环量部分 $\nabla \times \boldsymbol{H}$ 为 0，则得到纵波的波动方程为

$$c_L \nabla^2 \boldsymbol{u} = \ddot{\boldsymbol{u}} \tag{2.22}$$

若仅包含环量部分，则得到横波的波动方程为

$$c_S \nabla^2 \boldsymbol{u} = \ddot{\boldsymbol{u}} \tag{2.23}$$

2.2.2 各向异性介质中的 Christoffel 方程

不同于各向同性的传播介质，弹性波在各向异性介质中传播时的物理矩阵更加复杂，即

$$\sigma_{ik,k} + \rho f_i = \rho \ddot{u}_i \tag{2.24}$$

$$\varepsilon_{lm} = \frac{1}{2}(u_{l,m} + u_{m,l}) \tag{2.25}$$

$$\sigma_{ik} = C_{iklm} \varepsilon_{lm} \tag{2.26}$$

式中，$\boldsymbol{C}$ 表示物理矩阵；$i, k, l, m = 1, 2, 3$。

联立式(2.24)～式(2.26)可得运动方程：

$$\frac{1}{2} C_{iklm}(u_{l,km} + u_{m,kl}) = \rho \ddot{u}_i \tag{2.27}$$

C_{iklm} 关于下标 lm 对称，即

$$C_{iklm} = C_{ikml} = C_{kilm} \tag{2.28}$$

假设弹性波传播的形式表示为三角函数，则其解可以写为

$$u_i = A_i e^{i(k_j x_j - \omega t)} \tag{2.29}$$

式中，k_j 为波数；A_i 为振动幅值；ω 为振动角频率；x_j 和 t 分别表示空间和时间的自变量。将式 (2.29) 代入式 (2.27) 可得

$$\rho \ddot{u}_i = -\rho \omega^2 u_i = -C_{iklm} k_k k_l u_m \tag{2.30}$$

引入克罗内克积 $u_i = u_m \delta_{im}$，则有

$$(\rho \omega^2 \delta_{im} - C_{iklm} k_k k_l) u_m = 0 \tag{2.31}$$

式 (2.31) 即各向异性介质中的 Christoffel 方程。

定义张量

$$\lambda_{im} = \Gamma_{im} = C_{iklm} n_k n_l \tag{2.32}$$

式中，$n_k n_l$ 表示垂直于波阵面的方向余弦，有 $k_k = kn_k$，$k_l = kn_l (k=1,2,3)$，则 Christoffel 方程为

$$(\Gamma_{im} k^2 - \rho \omega^2 \delta_{im}) u_m = 0 \tag{2.33}$$

也可写作

$$(\Gamma_{im} - \rho c_p^2 \delta_{im}) u_m = 0 \tag{2.34}$$

式中，c_p 为波的相速，其可以由角频率与波数表示为

$$c_p = \frac{\omega}{k} \tag{2.35}$$

将式 (2.34) 在笛卡儿坐标系下展开为

$$\begin{bmatrix} \lambda_{11} - \rho c_p^2 & \lambda_{12} & \lambda_{13} \\ \lambda_{21} & \lambda_{22} - \rho c_p^2 & \lambda_{23} \\ \lambda_{31} & \lambda_{32} & \lambda_{33} - \rho c_p^2 \end{bmatrix} \begin{bmatrix} u_1 \\ u_2 \\ u_3 \end{bmatrix} = 0 \tag{2.36}$$

可知，当 $\left| \Gamma_{im} - \rho c_p^2 \delta_{im} \right| = 0$ 时，式 (2.36) 有非平凡解。

2.3　兰姆波传播公式

2.3.1　兰姆波波动方程及频散方程

在自由边界的平板之间传播的弹性波称为兰姆波。如图 2.5 所示，纵波和 SV 波在厚为 *2d* 的薄板中传播，受到上下面板的反射而不断叠加，经过一段时间的传播后，叠加产生的波即兰姆波。

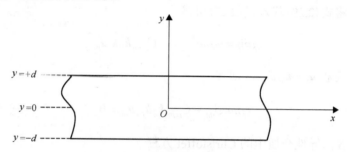

图 2.5　兰姆波问题中的自由边界薄板

数学上，可以通过纵波和横波的传播方程并结合适当的边界条件(上、下面板处应力为 0)来描述兰姆波的控制方程。因此，对于平面应变问题，式(2.22)和式(2.23)为

$$\frac{\partial^2 \phi}{\partial x^2} + \frac{\partial^2 \phi}{\partial y^2} = \frac{1}{c_L^2}\frac{\partial^2 \phi}{\partial t^2}, \quad \text{纵波方程} \tag{2.37}$$

$$\frac{\partial^2 \psi}{\partial x^2} + \frac{\partial^2 \psi}{\partial y^2} = \frac{1}{c_S^2}\frac{\partial^2 \psi}{\partial t^2}, \quad \text{横波方程} \tag{2.38}$$

由平面应变假设可知，位移及应力表示为

$$u_x = \frac{\partial \phi}{\partial x} + \frac{\partial \psi}{\partial y} \tag{2.39}$$

$$u_y = \frac{\partial \phi}{\partial y} - \frac{\partial \psi}{\partial x} \tag{2.40}$$

$$u_z = 0 \tag{2.41}$$

$$\sigma_{xx} = \lambda\left(\frac{\partial^2 \phi}{\partial x^2} + \frac{\partial^2 \phi}{\partial y^2}\right) + 2\mu\left(\frac{\partial^2 \phi}{\partial x^2} + \frac{\partial^2 \psi}{\partial x \partial y}\right) \tag{2.42}$$

$$\sigma_{yy} = \lambda\left(\frac{\partial^2\phi}{\partial x^2} + \frac{\partial^2\phi}{\partial y^2}\right) + 2\mu\left(\frac{\partial^2\phi}{\partial y^2} - \frac{\partial^2\psi}{\partial x\partial y}\right) \tag{2.43}$$

假设式(2.37)和式(2.38)的解为

$$\phi = \Phi(y)\mathrm{e}^{\mathrm{i}(kx-\omega t)} \tag{2.44}$$

$$\psi = \Psi(y)\mathrm{e}^{\mathrm{i}(kx-\omega t)} \tag{2.45}$$

式(2.44)和式(2.45)表示在 y 方向的驻波沿 x 方向传播。$\Phi(y)$ 和 $\Psi(y)$ 只是坐标 y 的定常函数，这种现象称为横向共振。将式(2.44)和式(2.45)代入式(2.37)和式(2.38)，可得

$$\frac{\partial^2\Phi}{\partial y^2} + \left(\frac{\omega^2}{c_{\mathrm{L}}^2} - k^2\right)\Phi = 0 \tag{2.46}$$

$$\frac{\partial^2\Psi}{\partial y^2} + \left(\frac{\omega^2}{c_{\mathrm{S}}^2} - k^2\right)\Psi = 0 \tag{2.47}$$

若定义

$$p = \frac{\omega^2}{c_{\mathrm{L}}^2} - k^2 \tag{2.48}$$

$$q = \frac{\omega^2}{c_{\mathrm{S}}^2} - k^2 \tag{2.49}$$

运动方程为

$$\frac{\partial^2\Phi}{\partial y^2} + p^2\Phi = 0 \tag{2.50}$$

$$\frac{\partial^2\Psi}{\partial y^2} + q^2\Psi = 0 \tag{2.51}$$

该微分方程的通解为

$$\Phi = A_1\sin(py) + A_2\cos(py) \tag{2.52}$$

$$\Psi = B_1\sin(qy) + B_2\cos(qy) \tag{2.53}$$

忽略各表达式中 $\mathrm{e}^{\mathrm{i}(kx-\omega t)}$ 项后，有

$$u_x = \mathrm{i}k\Phi + \frac{\mathrm{d}\Psi}{\mathrm{d}y} \tag{2.54}$$

$$u_y = \frac{\mathrm{d}\Phi}{\mathrm{d}y} - \mathrm{i}k\Psi \tag{2.55}$$

$$\sigma_{xx} = \lambda\left(-k^2\Phi + \frac{\mathrm{d}^2\Phi}{\mathrm{d}y^2}\right) + 2\mu\left(-k^2\Phi + \mathrm{i}k\frac{\mathrm{d}\Psi}{\mathrm{d}y}\right) \tag{2.56}$$

$$\sigma_{yy} = \lambda\left(-k^2\Phi + \frac{\mathrm{d}^2\Phi}{\mathrm{d}y^2}\right) + 2\mu\left(\frac{\mathrm{d}^2\Phi}{\mathrm{d}y^2} - \mathrm{i}k\frac{\mathrm{d}\Psi}{\mathrm{d}y}\right) \tag{2.57}$$

$$\sigma_{yx} = \mu\left(2\mathrm{i}k\frac{\mathrm{d}\Phi}{\mathrm{d}y} + k^2\Psi + \frac{\mathrm{d}^2\Psi}{\mathrm{d}y^2}\right) \tag{2.58}$$

可见，弹性波的位移场与应力场都是关于坐标 y 的三角函数。其中，$\sin(py)$ 关于 $y = 0$ 为奇函数，$\cos(py)$ 关于 $y = 0$ 为偶函数。因此，可以将位移场分解为对称模态 S 和反对称模态 A 两种模态。

对称模态时，有

$$\Phi = A_2\cos(py)，\quad \Psi = B_1\sin(qy)$$

$$u_x = A_2\mathrm{i}k\cos(py) + B_1 q\cos(qy)，\quad u_y = -A_2 p\sin(py) + B_1\mathrm{i}k\sin(py)$$

$$\sigma_{xx} = -A_2[\lambda p^2 + (\lambda + 2\mu)k^2]\cos(py) - B_1 2\mu\mathrm{i}kq\cos(qy)$$

$$\sigma_{yy} = -A_2[\lambda k^2 + (\lambda + 2\mu)p^2]\cos(py) - B_1 2\mu\mathrm{i}kq\cos(qy)$$

$$\sigma_{yx} = \mu[-A_2 2\mathrm{i}kp\sin(py) + B_1(k^2 - q^2)\sin(qy)]$$

反对称模态时，有

$$\Phi = A_1\sin(py)，\quad \Psi = B_2\cos(qy)$$

$$u_x = A_1\mathrm{i}k\sin(py) + B_2 q\sin(qy)，\quad u_y = A_1 p\cos(py) - B_2\mathrm{i}k\cos(py)$$

$$\sigma_{xx} = -A_1[\lambda p^2 + (\lambda + 2\mu)k^2]\sin(py) - B_2 2\mu\mathrm{i}kq\sin(qy)$$

$$\sigma_{yy} = -A_1[\lambda k^2 + (\lambda + 2\mu)p^2]\sin(py) + B_2 2\mu\mathrm{i}kq\sin(qy)$$

$$\sigma_{yx} = \mu[A_1 2\mathrm{i}kp\cos(py) + B_2(k^2 - q^2)\cos(qy)]$$

由兰姆波的定义可知，在 $y = \pm d$ 薄板边界处，应力为 0，即

$$\sigma_{yy} = \sigma_{yx} = 0 \tag{2.59}$$

对于对称模式的兰姆波，式(2.59)为

$$\begin{bmatrix} -2ikp\sin(pd) & (k^2 - q^2)\sin(qd) \\ (k^2 - q^2)\cos(pd) & -2ikq\cos(pd) \end{bmatrix} \begin{bmatrix} A_2 \\ B_1 \end{bmatrix} = \begin{bmatrix} 0 \\ 0 \end{bmatrix} \tag{2.60}$$

当式(2.60)具有非平凡解时，有

$$(k^2 - q^2)^2 \cos(pd)\sin(qd) + 4k^2 pq \sin(qd)\cos(pd) = 0 \tag{2.61}$$

也可写作

$$\frac{\tan(qd)}{\tan(pd)} = -\frac{4k^2 pq}{(k^2 - q^2)^2} \tag{2.62}$$

式(2.62)称为对称模式兰姆波的频散方程。

同样地，可以得到反对称模式兰姆波的频散方程，即

$$\frac{\tan(qd)}{\tan(pd)} = -\frac{(q^2 - k^2)^2}{4k^2 pq} \tag{2.63}$$

2.3.2 兰姆波频散方程的解

得到兰姆波对称模式与反对称模式的频散方程式(2.62)和式(2.63)，其中 p 和 q 表示为

$$p^2 = \frac{\omega^2}{c_L^2} - k^2, \quad q^2 = \frac{\omega^2}{c_S^2} - k^2 \tag{2.64}$$

可知，兰姆波传播的频谱可以通过角频率 ω 和波数 k 导出。又根据式(2.35)，波数 k 由兰姆波相速和角频率计算。也就是说，角频率 ω 和相速度决定了频散方程的解。对于给定的角频率 ω，有无数个波数 k 满足频散方程(2.62)和方程(2.63)，其中有实数、纯虚数和复数。若只考虑实数波数 k，则频散方程可写为

$$\frac{\tan(qd)}{q} + \frac{4k^2 p\tan(pd)}{(q^2 - k^2)^2} = 0 \tag{2.65}$$

$$q\tan(qd) + \frac{(q^2 - k^2)^2 \tan(pd)}{4k^2 p} = 0 \tag{2.66}$$

可以通过 Newton-Raphson 方法对式(2.65)和式(2.66)迭代求解，即可得到兰姆波的频散方程。图 2.6 所示给出了自由边界铝板的相速度频散曲线（$c_L = 6300\text{m/s}$，$c_S = 3200\text{m/s}$）。

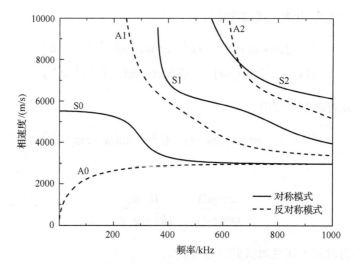

图 2.6　自由边界铝板的相速度频散曲线

群速度 c_g 通过以下方程定义：

$$c_g = \frac{\mathrm{d}\omega}{\mathrm{d}k} \tag{2.67}$$

将式(2.35)代入式(2.67)有

$$c_g = \frac{\mathrm{d}\omega}{\mathrm{d}\dfrac{\omega}{c_p}} = \frac{\mathrm{d}\omega}{\dfrac{\mathrm{d}\omega}{c_p} - \omega\dfrac{\mathrm{d}c_p}{c_p^2}} = \frac{c_p^2}{c_p - \omega\dfrac{\mathrm{d}c_p}{\mathrm{d}\omega}} \tag{2.68}$$

考虑到 $\omega = 2\pi f$，有

$$c_g = \frac{c_p^2}{c_p - fd\dfrac{\mathrm{d}c_p}{\mathrm{d}(fd)}} \tag{2.69}$$

由于相速度 c_p 也与频厚积 fd 有关，可知群速度 c_g 为关于频厚积 fd 的函数。并且当 $\dfrac{\mathrm{d}c_p}{\mathrm{d}(fd)} = 0$ 时，$c_g = c_p$。当 $\dfrac{\mathrm{d}c_p}{\mathrm{d}(fd)} \to \infty$ 时，即在截止频率附近，c_g 也趋于 0。图 2.7 给出了自由边界铝板的群速度频散曲线（$c_L = 6300\text{m/s}$，$c_S = 3200\text{m/s}$）。

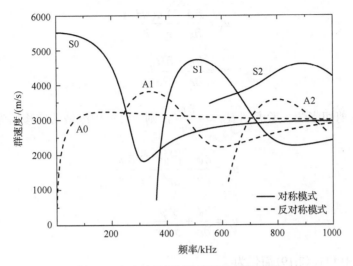

图 2.7　自由边界铝板的群速度频散曲线

2.4　弹性波在一维无限杆中传播

2.2.1 节通过 Helmholtz 分解得到弹性波的运动方程如式 (2.18) 和式 (2.19) 所示。下面研究弹性波在一维无限杆中传播的三种形式：纵波、扭转波和弯曲波。

2.4.1　弹性波在一维杆中的纵波

一般地，在柱坐标系 (r,θ,x) 下研究弹性波在一维无限杆中的传播行为。位移场可用势函数表示为

$$u_x = \frac{\partial \phi}{\partial x} + \frac{1}{r}\frac{\partial(rH_\theta)}{\partial r} - \frac{1}{r}\frac{\partial H_r}{\partial \theta} \tag{2.70}$$

$$u_r = \frac{\partial \phi}{\partial r} + \frac{1}{r}\frac{\partial H_x}{\partial \theta} - \frac{\partial H_\theta}{\partial x} \tag{2.71}$$

$$u_\theta = \frac{1}{r}\frac{\partial \phi}{\partial \theta} + \frac{\partial H_r}{\partial x} - \frac{\partial H_x}{\partial r} \tag{2.72}$$

若假设杆的对称轴为 x 轴，杆内的位移场和应力场均独立于坐标 θ。对于纵波，有[7]

$$u_\theta = \gamma_{x\theta} = \gamma_{r\theta} = 0 \tag{2.73}$$

$$H_x = H_r = 0 \tag{2.74}$$

$$u_x = \frac{\partial \phi}{\partial x} + \frac{1}{r}\frac{\partial (rH_\theta)}{\partial r} \tag{2.75}$$

$$u_r = \frac{\partial \phi}{\partial r} - \frac{\partial H_\theta}{\partial x} \tag{2.76}$$

γ 为相应的剪切应变。考虑到 $H_\theta = -\dfrac{\partial \psi}{\partial r}$ ，则一维杆中纵波的位移场为[8]

$$u_x = \frac{\partial \phi}{\partial x} - \frac{\partial^2 \psi}{\partial r^2} - \frac{1}{r}\frac{\partial \psi}{\partial r} \tag{2.77}$$

$$u_r = \frac{\partial \phi}{\partial r} + \frac{\partial^2 \psi}{\partial r \partial x} \tag{2.78}$$

式 (2.18) 和式 (2.19) 简化为

$$c_L \nabla^2 \phi = \ddot{\phi} \tag{2.79}$$

$$c_S \nabla^2 \psi = \ddot{\psi} \tag{2.80}$$

应变及应力场为

$$\varepsilon_{xx} = \frac{\partial u_x}{\partial x}, \quad \varepsilon_{rr} = \frac{\partial u_r}{\partial r}, \quad \varepsilon_{\theta\theta} = \frac{u_r}{r}, \quad \gamma_{xr} = \frac{\partial u_r}{\partial x} + \frac{\partial u_x}{\partial r} \tag{2.81}$$

$$\sigma_{xx} = 2\mu\varepsilon_{xx} + \lambda(\varepsilon_{xx} + \varepsilon_{rr} + \varepsilon_{\theta\theta}) \tag{2.82}$$

$$\sigma_{rr} = 2\mu\varepsilon_{rr} + \lambda(\varepsilon_{xx} + \varepsilon_{rr} + \varepsilon_{\theta\theta}) \tag{2.83}$$

$$\sigma_{\theta\theta} = 2\mu\varepsilon_{\theta\theta} + \lambda(\varepsilon_{xx} + \varepsilon_{rr} + \varepsilon_{\theta\theta}) \tag{2.84}$$

$$\tau_{xr} = \mu\gamma_{xr} \tag{2.85}$$

τ 为相应的剪切应力。设 ϕ 与 ψ 的解为

$$\phi = \hat{\phi}(r)\mathrm{e}^{\mathrm{i}(kx-\omega t)}, \quad \psi = \hat{\psi}(r)\mathrm{e}^{\mathrm{i}(kx-\omega t)} \tag{2.86}$$

将式 (2.86) 代入运动方程 (2.79) 和方程 (2.80)，有

$$\frac{\mathrm{d}^2\hat{\phi}}{\mathrm{d}r^2} + \frac{1}{r}\frac{\mathrm{d}\hat{\phi}}{\mathrm{d}r} + \alpha^2\hat{\phi} = 0, \quad \frac{\mathrm{d}^2\hat{\psi}}{\mathrm{d}r^2} + \frac{1}{r}\frac{\mathrm{d}\hat{\psi}}{\mathrm{d}r} + \beta^2\hat{\psi} = 0 \tag{2.87}$$

式中，$\alpha^2 = \dfrac{\omega^2}{c_L^2} - k^2$ ，$\beta^2 = \dfrac{\omega^2}{c_S^2} - k^2$ 。式 (2.87) 为 Bessel 差分公式，忽略在 $r = 0$

处的奇点，通解为

$$\hat{\phi} = AJ_0(\alpha r) , \quad \hat{\psi} = BJ_0(\beta r) \tag{2.88}$$

式中，A 和 B 为任意常数，则 ϕ 与 ψ 表示为

$$\phi = AJ_0(\alpha r)\mathrm{e}^{\mathrm{i}(kx-\omega t)} , \quad \psi = BJ_0(\beta r)\mathrm{e}^{\mathrm{i}(kx-\omega t)} \tag{2.89}$$

位移场为

$$u_x = \left[A\mathrm{i}kJ_0(\alpha r) + \beta^2 BJ_0(\beta r) \right] \mathrm{e}^{\mathrm{i}(kx-\omega t)} \tag{2.90}$$

$$u_r = \left[AJ_0'(\alpha r) + B\mathrm{i}kJ_0'(\beta r) \right] \mathrm{e}^{\mathrm{i}(kx-\omega t)} \tag{2.91}$$

若记 $J_0'(x) = -J_1(x)$，$C = \beta B$，则

$$u_x = \left[A\mathrm{i}kJ_0(\alpha r) + \beta CJ_0(\beta r) \right] \mathrm{e}^{\mathrm{i}(kx-\omega t)} \tag{2.92}$$

$$u_r = \left[-\alpha AJ_1(\alpha r) + \mathrm{i}kCJ_1(\beta r) \right] \mathrm{e}^{\mathrm{i}(kx-\omega t)} \tag{2.93}$$

在杆的边界 $r = a = d / 2$ 处，有

$$\sigma_{rr}(x,r) = \tau_{xr}(x,r) = 0 \tag{2.94}$$

若令式 (2.94) 有非平凡解，有

$$\frac{2\alpha}{a}(\beta^2 + k^2)J_1(\alpha a)J_1(\beta a) - (\beta^2 - k^2)J_0(\alpha a)J_1(\beta a)$$

$$-4k^2\alpha\beta J_1(\alpha a)J_0(\beta a) = 0 \tag{2.95}$$

式 (2.95) 称为 Pochhammer 频率方程[7]，该方程自 1876 年提出以来，被许多学者研究过，但因其较复杂无法得到精确的解[8-10]。

2.4.2　弹性波在一维杆中的扭转波

当弹性波在杆中的位移分量 u_r 和 u_x 为 0 时，杆中的波即扭转波，运动方程为

$$\frac{\partial^2 u_\theta}{\partial r^2} + \frac{1}{r}\frac{\partial u_\theta}{\partial r} - \frac{u_\theta}{r} + \frac{\partial^2 u_\theta}{\partial x^2} = \frac{1}{c_S^2}\frac{\partial^2 u_\theta}{\partial t^2} \tag{2.96}$$

设式 (2.96) 的解为

$$u_\theta = V(r)\mathrm{e}^{\mathrm{i}(kx-\omega t)} \tag{2.97}$$

与 2.4.1 节方法类似，将式 (2.97) 代入式 (2.96)，解得系数函数 $V(r)$，则位移场 u_θ 可以表示为

$$u_\theta = \frac{1}{\beta} B J_1(\beta r) \mathrm{e}^{\mathrm{i}(kx - \omega t)} \tag{2.98}$$

对于扭转波，其边界条件为

$$\sigma_{rr}(x, r) = \tau_{xr}(x, r) = \tau_{r\theta}(x, r) = 0 , \quad r = a = d/2 \tag{2.99}$$

有且仅有 $\tau_{r\theta}(x, r) = 0$ 具有非平凡解，得到频散方程为

$$\beta a J_0(\beta a) - 2 J_1(\beta a) = 0 \tag{2.100}$$

该式的前三阶解为

$$\beta_1 = 0 , \quad \beta_2 a = 5.136 , \quad \beta_3 a = 8.417 \tag{2.101}$$

当 β 趋于 0 时，对式 (2.98) 取极限有

$$u_\theta = \frac{1}{2} B r \mathrm{e}^{\mathrm{i}(kx - \omega t)} \tag{2.102}$$

式 (2.102) 为扭转波的最低阶模态，表示无限杆的每一个截面绕对称轴旋转。此时弹性波的相速度等于横波波速 c_S：

$$\beta^2 = \frac{\omega^2}{c_\mathrm{S}^2} - k^2 , \quad \text{当} \beta \to 0 \text{时}, \quad c_\mathrm{S} = \frac{\omega}{k} = c_\mathrm{p}$$

2.4.3　弹性波在一维杆中的弯曲波

一维杆中的弯曲波是 θ 坐标的函数，式 (2.70) 的解表示为

$$u_x = U_x(r) \cos\theta \, \mathrm{e}^{\mathrm{i}(kx - \omega t)} \tag{2.103}$$

$$u_r = U_r(r) \sin\theta \, \mathrm{e}^{\mathrm{i}(kx - \omega t)} \tag{2.104}$$

$$u_\theta = U_\theta(r) \cos\theta \, \mathrm{e}^{\mathrm{i}(kx - \omega t)} \tag{2.105}$$

将各位移分量代入式 (2.18) 和式 (2.19) 后，得到各系数的表达式：

$$U_x(r) = \mathrm{i}k A J_1(\alpha r) - \frac{C}{r} \frac{\partial}{\partial r}[r J_2(\beta r)] - \frac{C}{r} J_2(\beta r) \tag{2.106}$$

$$U_r(r) = A\frac{\partial}{\partial r}J_1(\alpha r) + \frac{B}{r}J_1(\beta r) + ikCJ_2(\beta r) \qquad (2.107)$$

$$U_\theta(r) = -\frac{A}{r}J_1(\alpha r) + ikCJ_2(\beta r) - B\frac{\partial}{\partial r}J_1(\beta r) \qquad (2.108)$$

边界条件为

$$\sigma_{rr}(x,r) = \tau_{xr}(x,r) = \tau_{r\theta}(x,r) = 0, \quad r = a = d/2 \qquad (2.109)$$

将式(2.106)～式(2.108)代入应力表达式，并结合边界条件(2.109)，可以得到关于常数 A、B、C 的齐次方程组。令其系数行列式为 0，可得到响应的频率方程[10]。

2.5　本 章 小 结

本章介绍了研究弹性波传播时所需的基础理论知识和相关概念，首先介绍了在无限介质中传播的体波，进而引出导波的概念，并以导波中典型的瑞利波及勒夫波为例，介绍了不同种类导波的波动形式和传播模式。

本章推导了均匀介质及各向异性介质中体波的波动方程，介绍了兰姆波的传播公式及相应的频散方程，引出了群速度、相速度及波的模式等相关概念，详细分析了弹性波在一维杆中传播的三种形式。这些理论基础能够帮助读者更好地理解弹性波在各种结构中的传播行为。更详细的关于弹性波的基本理论可参考文献[1]和[7]。

参 考 文 献

[1] 郭伟国, 李玉龙, 索涛. 应力波基础简明教程[M]. 西安: 西北工业大学出版社, 2007.

[2] Raghavan A, Cesnik C E S. Review of guided-wave structural health monitoring[J]. Shock and Vibration Digest, 2007, 39(2): 91-116.

[3] Ostachowicz W, Kudela P, Krawczuk M, et al. Guided Waves in Structures for SHM: The Time-Domain Spectral Element Method[M]. Hoboken: John Wiley & Sons, 2011.

[4] Rose J L, Nagy P B. Ultrasonic waves in solid media[J]. The Journal of the Acoustical Society of America, 2000, 107(4): 1807.

[5] Cuc A, Giurgiutiu V, Joshi S, et al. Structural health monitoring with piezoelectric wafer active sensors for space applications[J]. AIAA Journal, 2012, 45(12): 2838-2850.

[6] Doyle J F. Wave Propagation in Structures[M]. New York: Springer, 1989.

[7] 罗斯, 何存富, 吴斌, 等. 固体中的超声波[M]. 北京: 科学出版社, 2004.

[8] Chree C. The equations of an isotropic elastic solid in polar and cylindrical co.ordinates their solution and application[J]. Transactions of the Cambridge Philosophical Society, 1889, 14: 250.

[9] Love A E H. A Treatise on the Mathematical Theory of Elasticity[M]. Cambridge: Cambridge University Press, 2013.

[10] Pao Y H, Mindlin R D. Dispersion of flexural waves in an elastic, circular cylinder[J]. Journal of Applied Mechanics, 1960, 27(3): 513-520.

第 3 章　时域谱单元方法的基本理论

3.1　谱单元方法简介

如前所述，谱单元方法主要分为频域谱单元方法和时域谱单元方法两种[1]。频域谱单元最早由普渡大学的 Doyle 教授于 1989 年提出[2]，其核心思路是通过 FFT 在频域内求解弹性波的传播，这种方法具有求解速度快、精度高等特点。后来，Igawa 等不断完善这种方法，通过拉普拉斯变换改善傅里叶变换带来的截断误差，并将这种方法的应用对象从无限或半无限的杆、梁结构推广到有限尺寸的三维框架结构等[3]。然而，频域谱单元方法在求解大型复杂实际结构中波传播问题时，仍存在着诸多未解决的问题。

时域谱单元方法最早由麻省理工学院的 Patera 提出[4]。这种方法结合了谱单元方法和经典有限元法的优点。谱单元方法常用于求解各类连续介质中波的传播、干涉和衍射等问题，这种方法通过正交切比雪夫多项式（Chebyshev polynomial）或高阶洛巴托多项式（Lobatto polynomial）进行波场插值逼近。随着插值阶次 n 的提高，计算误差 $\varepsilon \approx O(1/n)^n$ 呈指数型降低，从而实现了数值算法的快速收敛。然而，这种方法不太适合求解复杂几何结构中的动力学问题。有限元法是目前在各个领域被广泛应用的一种数值算法。这种方法将求解域离散为有限个单元，在每个单元内通过插值函数去近似位移场，易于算法实现，并且适合复杂多样的几何边界。然而，经典有限元法在求解波传播问题时，受限于龙格效应，单元插值函数的阶次往往取线性或二次。因此，经典有限元法求解高频导波在结构中的传播行为时，对网格密度要求高，求解效率低。

时域谱单元方法结合了谱单元方法的高阶多项式快速收敛特性和有限元法的复杂几何适应性优点，能够以较小的计算耗费求解复杂结构中的波传播问题。如图 3.1 所示，不同于经典有限元法，这种单元的内插值节点在空间坐标中是非等距分布的，其坐标可以通过 Lobatto 多项式、Chebyshev 多项式或 Laguerre 多项式求解。由图 3.2 可知，在谱单元中，内插节点在单元边界处分布得更加密集，从而提高了在单元边界处的插值精度，有效抑制了龙格效应。因此，时域谱单元方法能够通过单元内的高阶插值实现动力学方程的快速高精度求解。

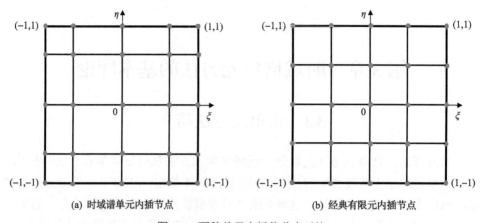

(a) 时域谱单元内插节点　　　　　　(b) 经典有限元内插节点

图 3.1　两种单元内插值节点对比

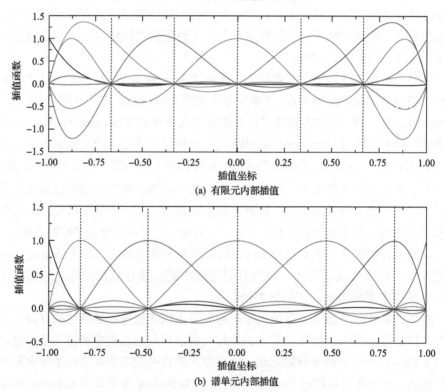

图 3.2　两种单元内插值对比(插值节点数为 7)

采用时域谱单元方法求解弹性波传播问题的步骤与有限元法类似:首先将结构离散为有限个单元,这些单元称为谱单元,并根据结构形式选择合适的单元类型,如卫星壁板结构选择板、壳单元,桁架结构选择空间杆单元等;其次结合单元的材料属性选择合适的插值函数以计算单元的质量矩阵和刚度矩阵等单元矩阵；最后通过组装各单元矩阵，得到系统的控制方程，通过数值解法求解系统的响应。与有限元法类似，当谱单元的插值函数满足以下两个条件时，所得的解是收敛的并收敛于正确的解[5]：

(1)完备性。谱单元的插值函数能够反映单元的刚体位移，此外当单元尺寸趋于无穷小时，单元内的应变应为一常数。

(2)协调性。在结构内，单元应是连续协调的，没有间隙与干涉；在相邻单元的重合边界上，位移也应是连续的。

可见，对于谱单元方法来说，选择一个正确、合适的插值函数至关重要。

3.2　形状插值函数

数学上，某一未知函数 $f(x)$ 在 $x \in [a,b]$ 上任意一点的值可以通过该函数在 a 点处展开的泰勒公式来逼近，即

$$f(x) \approx f(a) + \frac{x-a}{1!}f^{(1)}(a) + \frac{(x-a)^2}{2!}f^{(2)}(a) + \cdots + \frac{(x-a)^n}{n!}f^{(n)}(a) \quad (3.1)$$

函数 $f(x)$ 可以认为由一系列的基函数 $\{p_n(x)\}$ 叠加而成，即

$$f(x) \approx a_0 p_0(x) + a_1 p_1(x) + \cdots + a_n p_n(x) \quad (3.2)$$

式中，$a_i(i=0,1,\cdots,n)$ 为常系数，$\{p_n(x)\}$ 一般选择三角函数、指数函数及多项式等。由于多项式天然满足 3.1 节对形状插值函数的两个要求，因此有限元法和谱单元方法大多采用多项式来构建插值函数。不同于经典有限元法中常用的低阶插值，谱单元方法可以通过配置非等距插值节点实现高精度的高阶多项式插值。谱单元方法中常用的多项式为 Lobatto 多项式、Chebyshev 多项式和 Laguerre 多项式等[6]。

3.2.1　Lobatto 多项式

数学上，n 阶 Lobatto 多项式 $L_n(\xi)$ 定义为 $n+1$ 阶 Legendre 多项式 $P_{n+1}(\xi)$ 的一阶导数，即

$$L_n(\xi) = \frac{\mathrm{d}}{\mathrm{d}\xi} P_{n+1}(\xi) \quad (3.3)$$

n 阶 Legendre 多项式 $P_n(\xi)$ 通过罗德里格斯公式定义[7]：

$$P_n(\xi) = \frac{1}{2^n n!} \frac{\mathrm{d}^n}{\mathrm{d}\xi^n} (\xi^2 - 1)^n \quad (3.4)$$

Lobatto 多项式在 $\xi \in [-1, +1]$ 内，与 $1 - \xi^2$ 正交，即

$$\int\limits_{-1}^{1} L_i(\xi) L_j(\xi)(1 - \xi^2) \mathrm{d}\xi = \frac{2(i+1)(i+2)}{2i+3} \delta_{ij} \tag{3.5}$$

式中，δ_{ij} 为克罗内克算子。

因此，在正交坐标系下，内插值节点数为 n 的谱单元节点坐标可由式 (3.6) 确定：

$$\xi_i \equiv (1 - \xi^2) L_{n-2}(\xi) = 0, \quad n \geqslant 2 \tag{3.6}$$

也就是说，节点坐标分别为 $1 - \xi^2 = 0$ 的根 -1 和 1 及 $L_{n-2}(\xi) = 0$ 的根 $r_i (i = 1, 2, \cdots, n-2)$。

3.2.2　Chebyshev 多项式

第二类 Chebyshev 多项式可以通过如下递归方程计算：

$$\begin{cases} U_0(\xi) = 1 \\ U_1(\xi) = 2\xi \\ \quad \vdots \\ U_{n+1}(\xi) = 2\xi U_n(\xi) - U_{n-1}(\xi) \end{cases} \tag{3.7}$$

这类 Chebyshev 多项式在 $\xi \in [-1, +1]$ 内，与 $\sqrt{1 - \xi^2}$ 正交，即

$$\int\limits_{-1}^{1} U_i(\xi) U_j(\xi) \sqrt{1 - \xi^2} \mathrm{d}\xi = \frac{\pi}{2} \delta_{ij} \tag{3.8}$$

在正交坐标系下，内插值节点数为 n 的谱单元节点坐标可由式 (3.9) 确定：

$$\xi_i \equiv (1 - \xi^2) U_{n-2}(\xi) = 0, \quad n \geqslant 2 \tag{3.9}$$

除了 $1 - \xi^2$ 的根 -1 和 1 之外，其他内插节点的坐标 $U_{n-2}(\xi) = 0$ 由式 (3.10) 计算：

$$\xi_i = \cos\left(\frac{\pi i}{n-1}\right), \quad i = 1, 2, \cdots, n-2 \tag{3.10}$$

3.2.3　Laguerre 多项式

Laguerre 多项式可通过罗德里格斯公式定义[7]：

$$G_n(\xi) = \frac{e^\xi}{n!} \frac{d^n}{d\xi^n}(e^{-\xi}\xi^n) \tag{3.11}$$

Laguerre 多项式在 $\xi \in [0,+\infty)$ 内，与 $e^{-\xi}$ 正交，即

$$\int_0^{+\infty} G_i(\xi)G_j(\xi)e^{-\xi}d\xi = \delta_{ij} \tag{3.12}$$

在正交坐标系下，内插值节点数为 n 的谱单元节点坐标可由式 (3.13) 确定：

$$\xi_i \equiv \xi G_{n-1}(\xi) = 0, \quad n = 1, 2, \cdots \tag{3.13}$$

通过上述三种多项式，即可得到在标准域 $\Lambda \in [-1,+1]$ 或半无限大域 $[0,+\infty)$ 内的任意阶次 n 的谱单元内插值节点坐标。

3.3　时域谱单元的位移场、应变场和应力场

在得到时域谱单元的内部插值节点后，单元的位移场可以通过节点位移插值得到

$$\begin{cases} u(x,y,z) = \sum_{i=1}^m N_i(x,y,z)q_i^u \\ v(x,y,z) = \sum_{i=1}^m N_i(x,y,z)q_i^v \\ w(x,y,z) = \sum_{i=1}^m N_i(x,y,z)q_i^w \end{cases} \tag{3.14}$$

式中，m 为单元节点总数；$N_i(x,y,z)$ 为形状插值函数；q_i^u、q_i^v 和 q_i^w 分别为节点在三个主方向的位移。以矩阵形式表示的式 (3.14) 为

$$\boldsymbol{q}^e = \boldsymbol{N}^e \boldsymbol{q}_n^e \tag{3.15}$$

式中，$\boldsymbol{q}^e = [u,v,w]^T$ 为单元的位移向量；$\boldsymbol{N}^e$ 为单元的形状函数矩阵；$\boldsymbol{q}_n^e$ 为节点的位移向量。

由形状函数的定义可知，$\boldsymbol{N}^e$ 为定常函数，不随时间变化，因此也可用于速度与加速度的插值：

$$\dot{\boldsymbol{q}}^e = \boldsymbol{N}^e \dot{\boldsymbol{q}}_n^e, \quad \ddot{\boldsymbol{q}}^e = \boldsymbol{N}^e \ddot{\boldsymbol{q}}_n^e \tag{3.16}$$

一般地，单元的应变场可以表示为

$$\boldsymbol{\varepsilon}^e = \boldsymbol{B}_l\boldsymbol{q}^e + \boldsymbol{B}_n\boldsymbol{q}^e = \boldsymbol{B}\boldsymbol{q}^e \tag{3.17}$$

式中，$\boldsymbol{B}_l$ 为线性的几何矩阵；$\boldsymbol{B}_n$ 为非线性相关的几何矩阵。

$$\boldsymbol{B}_l = \begin{bmatrix} \dfrac{\partial}{\partial x} & 0 & 0 \\ 0 & \dfrac{\partial}{\partial y} & 0 \\ 0 & 0 & \dfrac{\partial}{\partial z} \\ \dfrac{\partial}{\partial y} & \dfrac{\partial}{\partial x} & 0 \\ 0 & \dfrac{\partial}{\partial z} & \dfrac{\partial}{\partial y} \\ \dfrac{\partial}{\partial z} & 0 & \dfrac{\partial}{\partial x} \end{bmatrix} \boldsymbol{N}^e, \quad \boldsymbol{B}_n = \boldsymbol{B}_n(\boldsymbol{q}) = \frac{1}{2}\begin{bmatrix} (\partial_x\boldsymbol{q})^{\mathrm{T}}\partial_x \\ (\partial_y\boldsymbol{q})^{\mathrm{T}}\partial_y \\ (\partial_z\boldsymbol{q})^{\mathrm{T}}\partial_z \\ (\partial_x\boldsymbol{q})^{\mathrm{T}}\partial_y + (\partial_y\boldsymbol{q})^{\mathrm{T}}\partial_x \\ (\partial_y\boldsymbol{q})^{\mathrm{T}}\partial_z + (\partial_z\boldsymbol{q})^{\mathrm{T}}\partial_y \\ (\partial_z\boldsymbol{q})^{\mathrm{T}}\partial_x + (\partial_x\boldsymbol{q})^{\mathrm{T}}\partial_z \end{bmatrix} \tag{3.18}$$

其中，微分算子

$$\partial_\alpha = \begin{bmatrix} \dfrac{\partial}{\partial\alpha} & 0 & 0 \\ 0 & \dfrac{\partial}{\partial\alpha} & 0 \\ 0 & 0 & \dfrac{\partial}{\partial\alpha} \end{bmatrix}, \quad \alpha = x, y, z \tag{3.19}$$

需要注意的是，在仅考虑小变形假设时，式(3.18)中仅需考虑 $\boldsymbol{B}_l$。

线弹性材料的物理方程可以表示为

$$\boldsymbol{\sigma} = \boldsymbol{D}\boldsymbol{\varepsilon} \tag{3.20}$$

式中，矩阵 $\boldsymbol{D}$ 称为弹性矩阵，为包含 36 个元素的满阵。对于完全弹性体而言，$\boldsymbol{D}$ 具有对称性，因此，矩阵中含有 21 个独立的材料系数。实际上大多工程材料内部都具有一个弹性对称平面，如纤维增强复合材料等，这种材料的弹性矩阵仅含有 13 个独立的系数；对于含有两个正交对称面的材料，也称其为正交各向异性材料，这种材料的弹性矩阵中仅包含 9 个独立的系数；横观各向同性材料是指在垂直于材料轴线的某一平面内，各点的材料性能都一致，这种材料的弹性矩阵只有 5 个

独立的系数；而在空间任意一点属性都相同的材料定义为各向同性材料，这种材料的弹性矩阵定义为

$$
\boldsymbol{D} = \begin{bmatrix}
\lambda + 2\mu & \lambda & \lambda & 0 & 0 & 0 \\
\lambda & \lambda + 2\mu & \lambda & 0 & 0 & 0 \\
\lambda & \lambda & \lambda + 2\mu & 0 & 0 & 0 \\
0 & 0 & 0 & \mu & 0 & 0 \\
0 & 0 & 0 & 0 & \mu & 0 \\
0 & 0 & 0 & 0 & 0 & \mu
\end{bmatrix}
\tag{3.21}
$$

式中，λ 和 μ 称为拉梅常量，由材料的杨氏模量 E 和泊松比 ν 确定。

结合式 (3.17) 与式 (3.20) 可知

$$
\boldsymbol{\sigma} = \boldsymbol{D}\boldsymbol{\varepsilon} = \boldsymbol{D}\boldsymbol{B}\boldsymbol{q}^e = \boldsymbol{S}\boldsymbol{q}^e
\tag{3.22}
$$

式中，$\boldsymbol{S}$ 称为单元的应力矩阵。

3.4　系统的运动方程

当采用时域谱单元将结构离散为单元后，可以得到每个单元内的第二类拉格朗日方程：

$$
\frac{\mathrm{d}}{\mathrm{d}t}\left\{ \frac{\partial L}{\partial \dot{\boldsymbol{q}}} \right\} - \left\{ \frac{\partial L}{\partial \boldsymbol{q}} \right\} + \left\{ \frac{\partial R}{\partial \dot{\boldsymbol{q}}} \right\} = 0
\tag{3.23}
$$

式中，$L=T{-}V$ 表示系统的拉格朗日函数，T、V 和 R 分别表示系统的动能、势能和黏性耗能系数。根据定义，这些系统参数可以由式 (3.24) 计算：

$$
\begin{cases}
T = \dfrac{1}{2} \displaystyle\int_V \rho \dot{\boldsymbol{q}}^{\mathrm{T}} \dot{\boldsymbol{q}} \mathrm{d}V \\[2mm]
V = \dfrac{1}{2} \displaystyle\int_V \boldsymbol{\varepsilon}^{\mathrm{T}} \boldsymbol{\sigma} \mathrm{d}V - \displaystyle\int_V \boldsymbol{q}^{\mathrm{T}} \boldsymbol{\psi}_V \mathrm{d}V - \displaystyle\int_A \boldsymbol{q}^{\mathrm{T}} \boldsymbol{\psi}_A \mathrm{d}A \\[2mm]
R = \dfrac{1}{2} \displaystyle\int_V c \dot{\boldsymbol{q}}^{\mathrm{T}} \dot{\boldsymbol{q}} \mathrm{d}V
\end{cases}
\tag{3.24}
$$

式中，ρ 和 c 分别为材料的质量密度和阻尼系数；$\boldsymbol{\psi}_V$ 和 $\boldsymbol{\psi}_A$ 分别为结构受到的体积力和面力。由式 (3.15)、式 (3.17) 和式 (3.19) 可知，式 (3.24) 可写为

$$\begin{cases} T = \dfrac{1}{2}(\dot{\boldsymbol{q}}_n^e)^{\mathrm{T}} \left[\displaystyle\int_{V^e} \rho (\boldsymbol{N}^e)^{\mathrm{T}}(\boldsymbol{N}^e)\mathrm{d}V^e \right] \ddot{\boldsymbol{q}}_n^e \\[3mm] V = \dfrac{1}{2}(\boldsymbol{q}_n^e)^{\mathrm{T}} \left[\displaystyle\int_{V^e} (\boldsymbol{B}^e)^{\mathrm{T}} \boldsymbol{D}^e (\boldsymbol{B}^e)\mathrm{d}V^e \right] \boldsymbol{q}_n^e - (\boldsymbol{q}_n^e)^{\mathrm{T}} \left[\displaystyle\int_{V^e} (\boldsymbol{N}^e)^{\mathrm{T}} \boldsymbol{\psi}_V \mathrm{d}V^e + \displaystyle\int_{A^e} (\boldsymbol{N}^e)^{\mathrm{T}} \boldsymbol{\psi}_A \mathrm{d}\boldsymbol{A}^e + \boldsymbol{f}_c^e \right] \\[3mm] R = \dfrac{1}{2}(\dot{\boldsymbol{q}}_n^e)^{\mathrm{T}} \left[\displaystyle\int_{V^e} \mu (\boldsymbol{N}^e)^{\mathrm{T}}(\boldsymbol{N}^e)\mathrm{d}V^e \right] \ddot{\boldsymbol{q}}_n^e \end{cases} \tag{3.25}$$

式中，$\boldsymbol{f}_c^e$ 表示单元所受的集中力。若定义

$$\begin{cases} \boldsymbol{M}^e = \displaystyle\int_{V^e} \rho (\boldsymbol{N}^e)^{\mathrm{T}}(\boldsymbol{N}^e)\mathrm{d}V^e \\[3mm] \boldsymbol{K}^e = \displaystyle\int_{V^e} (\boldsymbol{B}^e)^{\mathrm{T}} \boldsymbol{D}^e (\boldsymbol{B}^e)\mathrm{d}V^e \\[3mm] \boldsymbol{C}^e = \displaystyle\int_{V^e} c (\boldsymbol{N}^e)^{\mathrm{T}}(\boldsymbol{N}^e)\mathrm{d}V^e \\[3mm] \boldsymbol{f}_V^e = \displaystyle\int_{V^e} (\boldsymbol{N}^e)^{\mathrm{T}} \boldsymbol{\psi}_V \mathrm{d}V^e \\[3mm] \boldsymbol{f}_A^e = \displaystyle\int_{A^e} (\boldsymbol{N}^e)^{\mathrm{T}} \boldsymbol{\psi}_A \mathrm{d}\boldsymbol{A}^e \end{cases} \tag{3.26}$$

那么，单元的动能、势能和黏性耗能系数可以写为

$$\begin{cases} T = \dfrac{1}{2}(\dot{\boldsymbol{q}}_n^e)^{\mathrm{T}} \boldsymbol{M}^e \dot{\boldsymbol{q}}_n^e \\[3mm] V = \dfrac{1}{2}(\boldsymbol{q}_n^e)^{\mathrm{T}} \boldsymbol{K}^e \boldsymbol{q}_n^e - \boldsymbol{q}_n^e (\boldsymbol{f}_V^e + \boldsymbol{f}_A^e + \boldsymbol{f}_c^e) \\[3mm] R = \dfrac{1}{2}(\dot{\boldsymbol{q}}_n^e)^{\mathrm{T}} \boldsymbol{C}^e \dot{\boldsymbol{q}}_n^e \end{cases} \tag{3.27}$$

将式 (3.27) 代入单元内的第二类拉格朗日方程式 (3.23) 可得

$$\boldsymbol{M}^e \ddot{\boldsymbol{q}}^e + \boldsymbol{C}^e \dot{\boldsymbol{q}}_n^e + \boldsymbol{K}^e \boldsymbol{q}_n^e = \boldsymbol{f}_n^e(t) \tag{3.28}$$

式 (3.28) 称为单元的运动方程。$\boldsymbol{M}^e$、$\boldsymbol{K}^e$ 和 $\boldsymbol{C}^e$ 分别为单元的质量矩阵、刚度矩阵

和阻尼矩阵；$f_n^e(t)$ 为单元的等效节点力。在全局坐标系下，组装各单元的矩阵即可得到整个结构系统的运动方程为

$$M\ddot{q} + C\dot{q}_n + Kq_n = f_n(t) \tag{3.29}$$

通过求解上述偏微分方程可得到结构系统的动力学响应。

3.5　时域谱单元中的数值积分法则

在求解结构系统运动方程时，首先要根据式 (3.26) 求解各单元的矩阵。式 (3.26) 中，矩阵积分形式可统一表示为

$$A^e = \int_{V^e} F(x,y,z)\mathrm{d}V^e \tag{3.30}$$

例如，对于质量矩阵，被积函数 $F(x,y,z)$ 是与形状函数 $N^e(x,y,z)$ 相关的函数；对于刚度矩阵，被积函数 $F(x,y,z)$ 是几何函数 $B^e(x,y,z)$ 的函数。一般来讲，由于积分域 V^e 可以为任意形状，直接在全局坐标系 (x,y,z) 下对式 (3.30) 进行积分较不方便。因此，采用有限元法中参数化单元的思路可以将单元映射到标准坐标系 (ξ,η,ζ) 中，积分域 V^e 也从原来的任意形状映射为规则的 $(\xi,\eta,\zeta) \in [-1,+1]$。因此，形如式 (3.30) 的积分通式可以写为

$$A^e = \int_{-1}^{+1}\int_{-1}^{+1}\int_{-1}^{+1} F(\xi,\eta,\zeta)\det(J)\mathrm{d}\xi\mathrm{d}\eta\mathrm{d}\zeta \tag{3.31}$$

式中，J 为雅可比矩阵，是表示坐标系间映射关系的一种矩阵：

$$J = \begin{bmatrix} \dfrac{\partial x}{\partial \xi} & \dfrac{\partial y}{\partial \xi} & \dfrac{\partial z}{\partial \xi} \\[2mm] \dfrac{\partial x}{\partial \eta} & \dfrac{\partial y}{\partial \eta} & \dfrac{\partial z}{\partial \eta} \\[2mm] \dfrac{\partial x}{\partial \zeta} & \dfrac{\partial y}{\partial \zeta} & \dfrac{\partial z}{\partial \zeta} \end{bmatrix} \tag{3.32}$$

为了区别于物理场的插值函数 N^e，这里用 T^e 表示单元的几何插值函数。雅可比矩阵可表示为

$$J = \begin{bmatrix} \displaystyle\sum_{i=1}^{p} \frac{\partial T_i}{\partial \xi} x_i & \displaystyle\sum_{i=1}^{p} \frac{\partial T_i}{\partial \xi} y_i & \displaystyle\sum_{i=1}^{p} \frac{\partial T_i}{\partial \xi} z_i \\ \displaystyle\sum_{i=1}^{p} \frac{\partial T_i}{\partial \eta} x_i & \displaystyle\sum_{i=1}^{p} \frac{\partial T_i}{\partial \eta} y_i & \displaystyle\sum_{i=1}^{p} \frac{\partial T_i}{\partial \eta} z_i \\ \displaystyle\sum_{i=1}^{p} \frac{\partial T_i}{\partial \zeta} x_i & \displaystyle\sum_{i=1}^{p} \frac{\partial T_i}{\partial \zeta} y_i & \displaystyle\sum_{i=1}^{p} \frac{\partial T_i}{\partial \zeta} z_i \end{bmatrix} \tag{3.33}$$

与有限元法的定义类似,如果 $T_i(i=1,2,\cdots,p)$ 的插值节点数与物理场插值函数 $N_i(i=1,2,\cdots,m)$ 的插值节点数相同,这类单元称为等参数单元;如果 $p>m$,则称为超参数单元;如果 $p<m$,则称为亚参数单元。在实际使用谱单元时,对位移场一般采用高阶插值形式,但对单元几何形状,为了前处理的方便,一般采用一阶线性或二阶插值的形式,因此实际使用的谱单元多为亚参数单元的形式。

当采用数值积分求解式(3.31)时,积分法则的选择取决于单元所使用的正交多项式形式。当单元选择 Lobatto 多项式节点时,采用的积分法则称为 Gauss-Lobatto-Legendre(GLL)积分;当单元选择 Chebyshev 多项式节点时,Gauss-Legendre 积分效果最佳;当单元选择 Laguerre 多项式节点时,采用 Gauss-Laguerre 积分。但无论是哪种积分,式(3.31)都通过叠加积分权重因子与离散函数值的乘积计算:

$$\begin{aligned} A^e &= \int_{-1}^{+1}\int_{-1}^{+1}\int_{-1}^{+1} F(\xi,\eta,\zeta)\det(J)\mathrm{d}\xi\mathrm{d}\eta\mathrm{d}\zeta \\ &= \sum_{i=1}^{q_1}\sum_{j=1}^{q_2}\sum_{k=1}^{q_3} \omega_i\omega_j\omega_k F(a_i,a_j,a_k)\det(J) \end{aligned} \tag{3.34}$$

式中, ω_i、 ω_j 和 ω_k 分别表示三个方向的积分权重因子。

3.5.1　Lobatto 积分

Lobatto 积分法则的公式为

$$\int_{-1}^{+1} f(\xi)\mathrm{d}\xi = \frac{2}{q(q-1)}\big[f(-1)+f(+1)\big] + \sum_{i=1}^{q-2}\omega_i f(a_i) + \varepsilon_1 \tag{3.35}$$

式中, q 表示积分点数量,积分权重因子 ω_i 定义为

$$\omega_i = \frac{2}{q(q-1)\big[P_{q-1}(a_i)\big]^2} \tag{3.36}$$

ε_1 表示 Lobatto 积分的数值误差，有

$$\varepsilon_1 = -\frac{q(q-1)^3 2^{2q-1}[(q-2)!]^4}{(2q-1)[(2q-2)!]^3} f^{(2q-2)}(\eta)，\quad \eta \in [-1,+1] \tag{3.37}$$

可知 Lobatto 数值积分的精度与积分点的数目有关，约为 $2q-3$ 阶。各积分点 a_i 的坐标可由式(3.38)的根确定：

$$(1-a_i^2)\frac{\mathrm{d}}{\mathrm{d}\xi}P_{q-1}(a_i) = 0 \tag{3.38}$$

结合式(3.6)可知，当采用 Lobatto 多项式构建谱单元并采用 Lobatto 积分法则计算单元矩阵时，其插值节点与积分点完全重合，可以等效替换。此外，对于 Legendre 多项式有如下性质：

$$P_n(1) = 1，\quad P_n(-1) = (-1)^n \tag{3.39}$$

因此，式(3.35)可以写为

$$\int_{-1}^{+1} f(\xi)\mathrm{d}\xi = \sum_{i=1}^{q} \omega_i f(a_i) + \varepsilon_1 \tag{3.40}$$

3.5.2　Gauss 积分

Gauss 数值积分的公式为

$$\int_{-1}^{+1} f(\xi)\mathrm{d}\xi = \sum_{i=1}^{q} \omega_i f(a_i) + \varepsilon_2 \tag{3.41}$$

积分权重因子 ω_i 定义为

$$\omega_i = \frac{2}{(1-a_i^2)\left[\dfrac{\mathrm{d}}{\mathrm{d}\xi}P_q(a_i)\right]^2} \tag{3.42}$$

ε_2 表示 Gauss 积分的数值误差：

$$\varepsilon_2 = \frac{2^{2q+1}(q!)^4}{(2q+1)[(2q)!]^3} f^{(2q)}(\eta)，\quad \eta \in [-1,+1] \tag{3.43}$$

可知 Gauss 积分能够满足 $2q-1$ 阶精度。各积分点 a_i 的坐标可由 q 阶 Legendre 多

项式的根计算:

$$P_q(a_i) = 0 , \quad i = 1, 2, \cdots, q \tag{3.44}$$

因此,当采用 Chebyshev 多项式构建谱单元并采用 Gauss 积分法则计算单元矩阵时,其插值节点与积分点坐标不一致。

3.5.3　Gauss-Laguerre 积分

Gauss-Laguerre 积分的表达式为

$$\int_0^{+\infty} f(\xi) \mathrm{d}\xi = \sum_{i=1}^{q} \omega_i f(a_i) + \varepsilon_3 \tag{3.45}$$

积分权重因子 ω_i 定义为

$$\omega_i = \frac{a_i}{(q+1)^2 \left[G_{q+1}(a_i) \right]^2} \tag{3.46}$$

ε_3 表示 Gauss-Laguerre 积分的数值误差:

$$\varepsilon_3 = \frac{(q!)^3}{(2q)!} f^{(2q)}(\eta) , \quad \eta \in [0, +\infty] \tag{3.47}$$

Gauss-Laguerre 积分能够满足 $2q-1$ 阶精度。各积分点 a_i 的坐标可由 q 阶 Laguerre 多项式的根计算:

$$G_q(a_i) = 0 , \quad i = 1, 2, \cdots, q \tag{3.48}$$

由此可知,当采用 Laguerre 多项式构建谱单元并采用 Gauss-Laguerre 积分法则计算单元矩阵时,其插值节点与积分点坐标不一致。

表 3.1 总结了三种不同的谱单元多项式和积分方法的特点。综上所述,选择不同的谱单元多项式和积分方法决定了所建立单元矩阵的精度和求解效率。例如,当采用 Lobatto 多项式及 Lobatto 积分法则时,单元的质量矩阵 $\boldsymbol{M}^e$ 为严格对角线形式,而这一特性对提高时域谱单元的计算效率至关重要。然而,相较于其他两类方法,这种方法精度较低,仅能达到 $f^{(2n-3)}$ 阶精度。采用 Chebyshev 多项式及 Gauss 积分法则或 Laguerre 多项式及 Gauss-Laguerre 积分时,求解精度虽然能达到 $f^{(2n-1)}$ 阶,但单元的质量矩阵为满阵的形式,这样在求解大型复杂结构中波传播问题时,计算耗费过大。此外,在数值计算中,对满阵 $\boldsymbol{M}^e$ 的运算也会引入更

大的误差，而这一误差量级远比 Lobatto 积分法则的数值误差要大。因此，实际应用中应根据具体情况选择合适的正交多项式和积分方法。

表 3.1　三种不同多项式谱单元及积分方法的对比

积分方法	Lobatto 类	Chebyshev 类	Laguerre 类
插值点坐标	$L_{n-2}(\xi)=0$ 及 $-1,1$	$U_{n-2}(\xi)=0$ 及 $-1,1$	$\xi G_{n-1}(\xi)=0$
积分点坐标	$\dfrac{\mathrm{d}}{\mathrm{d}\xi}P_{n-1}(a_i)=0$ 及 $-1,1$	$P_n(a_i)=0$	$G_n(\xi)=0$
误差	$o(f^{(2n-2)}(x))$	$o(f^{(2n)}(x))$	$o(f^{(2n)}(x))$
质量矩阵	严格对角线形式	满阵	满阵

3.6　运动方程的求解方法

在确定正交多项式及单元的积分方法后，即可得到系统运动方程式(3.29)的具体常微分方程形式，进一步可采用数值积分方法，如中心差分法等得到系统的动力学响应。在采用显式动力学计算方法时，t 时刻的速度可以通过 $t+\Delta t$ 及 $t-\Delta t$ 时刻的位移插值得到：

$$\dot{\boldsymbol{q}}_n(t)=\frac{\boldsymbol{q}_n(t+\Delta t)-\boldsymbol{q}_n(t-\Delta t)}{2\Delta t} \tag{3.49}$$

$$\ddot{\boldsymbol{q}}_n(t)=\frac{\boldsymbol{q}_n(t+\Delta t)-2\boldsymbol{q}_n(t)+\boldsymbol{q}_n(t-\Delta t)}{\Delta t^2} \tag{3.50}$$

式中，Δt 表示积分的时间步长，则式(3.29)的迭代格式为

$$\left(\frac{1}{\Delta t^2}\boldsymbol{M}+\frac{1}{2\Delta t}\boldsymbol{C}\right)\boldsymbol{q}_{t+\Delta t}=\boldsymbol{F}-\left(\boldsymbol{K}-\frac{2}{\Delta t^2}\boldsymbol{M}\right)\boldsymbol{q}_t-\left(\frac{1}{\Delta t^2}\boldsymbol{M}-\frac{1}{2\Delta t}\boldsymbol{C}\right)\boldsymbol{q}_{t-\Delta t} \tag{3.51}$$

对于动力学问题，可采用比例阻尼的形式定义阻尼矩阵。最简单地，可以定义总体阻尼矩阵为等效阻尼系数与总体质量矩阵的关系式，即

$$\boldsymbol{C}=\eta\boldsymbol{M} \tag{3.52}$$

若采用中心差分法求解系统运动方程，算法的稳定条件为

$$\Delta t\leqslant\Delta t_{\mathrm{cr}}=\frac{T_{\mathrm{n}}}{\pi} \tag{3.53}$$

式中，Δt_{cr} 为临界时间步长；T_{n} 表示结构系统的最大固有振动频率的周期。

考虑如式(3.52)形式的阻尼矩阵定义，迭代格式(3.51)也可表示为

$$\hat{M}q_{t+\Delta t} = \hat{F}_t \tag{3.54}$$

$$\hat{M} = \frac{1}{\Delta t^2}M + \frac{1}{2\Delta t}C = \left(\frac{1}{\Delta t^2} + \frac{\eta}{2\Delta t}\right)M \tag{3.55}$$

一般地，若谱单元方法形成的质量矩阵为严格对角线形式，为了降低内存需求、加快求解速度，在求解过程中，矩阵 $\hat{M}$ 可以向量的形式储存和参与计算。

$$\hat{F}_t = F_t + \frac{2}{\Delta t^2}Mq_t - \left(\frac{1}{\Delta t^2} - \frac{\eta}{2\Delta t}\right)Mq_{t-\Delta t} - Kq_t \tag{3.56}$$

式中，总体刚度矩阵 K 一般为稀疏的大型矩阵。因此，采用逐元法可以有效降低内存需求，避免大规模的矩阵运算：

$$Kq_t = \sum_{i=1}^{m}K^e q_t^e = \sum_{i=1}^{m}\hat{F}_k^e \tag{3.57}$$

这样，刚度矩阵的总装过程及大型的矩阵运算被简化为各单元内的等效节点力的计算及向量组装，从而减小了所占用的内存和矩阵运算的规模。由迭代公式(3.54)可知，当采用逐元法与 Lobatto 积分法则时，系统的动力学方程求解被简化为向量运算。因此，时域谱单元方法能够以极小的计算耗费求解弹性波在结构中的传播问题。

3.7 MATLAB 应用程序

本节以中心差分法为例，给出了求解系统动力学方程的迭代计算方法。在计算得到相关单元矩阵后，可通过下述程序求解结构的动力学响应。

```
%.......................................................................
%MATLAB codes for central difference method.
function [outd]=TransResp (dt, Ft, loadDof, K, mass, C, d, outdof,t, n, nd)
% dt is the time interval.
% Ft is input force vector in time-domain.
% the force is applied at loadDof.
% K ,mass and C are stiffness,mass and damping matrices, respectively.
% d is the displacement vector for whole system.
% outdof is the output of the DOF.
% t and n are calculation duration and the number of elements, respectively.
```

```
% nd is the number of DOF for per node.
% elementsNodes contains the node number for every element.
% numberNodes is the number of nodes.
% dofspc is the DOF which is relative to boundary conditions.
% TransResp initial setting.
c0= 1/dt^2;
c1= 1/2/dt;
c2= 2*c0;
c3= 1/c2;
M_ef=c0*mass+c1*C;

for ii=1:(length(t)-1)
        P =zeros(numberNodes*nd,1);
% Apply the constrain
   d(dofspc)=0;


for e=1:n
elementDof=elementsNodes(e,:);
  igg=(elementDof(1)* nd-(nd-1)):elementDof(end)* nd;
  local= K(:,:,e)*d(igg) ;
  P(igg) = P(igg) -local;

end

if ii>length(Ft)
        Ft(ii)=0;
end

P(loadDof)=P(loadDof)+Ft(ii);
if ii==1
            a0 = P./mass;
            dl= d+c3*a0;
end
        dn= (P-c0*mass.*dl+c1*C.*dl+c2*mass.*d)./M_ef;
        dl= d;
        d = dn;
% dn denotes i+1;
% d denotes i;
% dl denotes i-1;
  outd(:,ii)=d(outdof)´; %
end
```

3.8　本　章　小　结

　　本章介绍了时域谱单元方法相关的基础理论，包括时域谱单元中常采用的三种特殊正交多项式的定义公式及正交区间；介绍了时域谱单元方法构造位移场、应变场和应力场的一般方法并推导了单元和系统的运动方程。

　　本章还介绍了时域谱单元方法中常用的数值积分法则，阐释了每种方法的等效积分公式及数值误差，横向对比了三种插值多项及相应数值积分方法的优缺点。在计算系统运动方程时，以中心差分法为例，给出了详细的求解步骤、收敛条件及 MATLAB 实现程序。

参 考 文 献

[1] Kudela P, Krawczuk M, Ostachowicz W. Wave propagation modelling in 1D structures using spectral finite elements [J]. Journal of Sound and Vibration, 2007, 300(1-2): 88-100.

[2] Doyle J F. Wave Propagation in Structures[M]. New York: Springer, 1989.

[3] Igawa H, Komatsu K, Yamaguchi I, et al. Wave propagation analysis of frame structures using the spectral element method[J]. Journal of Sound and Vibration, 2004, 277(4-5): 1071-1081.

[4] Patera A T. A spectral element method for fluid dynamics: Laminar flow in a channel expansion[J]. Journal of Computational Physics, 1984, 54(3): 468-488.

[5] 竺润祥, 姜晋庆, 张铎, 等. 航天器计算结构力学[M]. 北京: 宇航出版社, 1996.

[6] Pozrikidis C. Introduction to finite and spectral element methods using MATLAB[M]. Boca Raton: Chapman and Hall/CRC, 2014.

[7] Askey R. The 1839 paper on permutations: Its relation to the Rodrigues formula and further developments[J]. Mathematics and Social Utopias in France: Olinde Rodrigues and His Times, 2005, 28: 105-118.

第4章 二维平面波传播分析的时域谱单元方法

一般地，研究弹性波在结构中传播的行为需考虑所有方向的位移、应力和应变。但是，如果所研究结构的几何形状或受载形式具有某些特点，可以忽略物理场的部分分量，那么就能将三维问题简化为二维平面问题，在保证结果精度的条件下，降低计算耗费，提高分析效率[1]。此外，研究二维平面问题对认识弹性波在结构中的传播规律也有很大帮助。因此，本章首先建立用于分析二维平面波传播问题的时域谱单元方法。

4.1 二维平面问题的基本方程

如图 4.1 所示，对二维微元体进行受力分析，其平衡方程可表示为

$$L(\nabla)\boldsymbol{\sigma} + \boldsymbol{f} = \rho \frac{\partial^2 \boldsymbol{u}}{\partial t^2} \tag{4.1}$$

几何方程为

$$\boldsymbol{\varepsilon} = \boldsymbol{L}^{\mathrm{T}}(\nabla)\boldsymbol{u} \tag{4.2}$$

物理方程为

$$\boldsymbol{\sigma} = \boldsymbol{D}\boldsymbol{\varepsilon} \tag{4.3}$$

式中

$$\boldsymbol{u} = [u \quad v]^{\mathrm{T}} \tag{4.4}$$

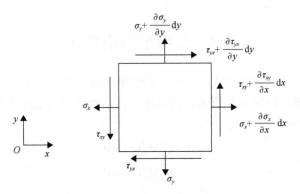

图 4.1 二维单元受力分析

$$\boldsymbol{\varepsilon} = [\varepsilon_x \quad \varepsilon_y \quad \gamma_{xy}]^{\mathrm{T}}, \quad \boldsymbol{\sigma} = [\sigma_x \quad \sigma_y \quad \tau_{xy}]^{\mathrm{T}} \tag{4.5}$$

$$\boldsymbol{f} = [f_x \quad f_y]^{\mathrm{T}} \tag{4.6}$$

$$\boldsymbol{L}(\nabla) = \begin{bmatrix} \dfrac{\partial}{\partial x} & 0 & \dfrac{\partial}{\partial y} \\ 0 & \dfrac{\partial}{\partial y} & \dfrac{\partial}{\partial x} \end{bmatrix} \tag{4.7}$$

平面应力问题中，弹性矩阵表示为

$$\boldsymbol{D} = \frac{E}{1-\mu^2} \begin{bmatrix} 1 & \mu & 0 \\ \mu & 1 & 0 \\ 0 & 0 & \dfrac{1-\mu}{2} \end{bmatrix} \tag{4.8}$$

平面应变问题中，弹性矩阵表示为

$$\boldsymbol{D} = \frac{E(1-\mu)}{(1+\mu)(1-2\mu)} \begin{bmatrix} 1 & \dfrac{\mu}{1-\mu} & 0 \\ \mu & 1 & 0 \\ 0 & 0 & \dfrac{1-2\mu}{2(1-\mu)} \end{bmatrix} \tag{4.9}$$

结合第 2 章内容，在不考虑体力的情况下，二维问题的波动方程可表示为

$$\boldsymbol{L}(\nabla)\left[\boldsymbol{D}\boldsymbol{L}^{\mathrm{T}}(\nabla)\boldsymbol{u}\right] = \rho\frac{\partial^2 \boldsymbol{u}}{\partial t^2} \tag{4.10}$$

4.2 二维平面谱单元

在全局坐标系下任意形状的二维平面谱单元可以通过局部坐标系 $\xi O\eta$ 下的标准单元映射得到。如图 4.2 所示，在标准域内，每个方向上内插值节点的坐标通过式 (4.11) 计算：

$$\begin{aligned} (1-\xi^2)P_n'(\xi) &= 0 \\ (1-\eta^2)P_n'(\eta) &= 0 \end{aligned} \tag{4.11}$$

式中，$P_n'(\xi)$、$P_n'(\eta)$ 表示两个主方向的 n 阶 Legendre 多项式的一阶导数。其中，

Legendre 多项式的递推公式 $P(x)$ 为[2]

$$\begin{cases} P_0 = 1, \quad P_1 = x \\ P_{n+1} = \dfrac{2n+1}{n+1} x P_n - \dfrac{n}{n+1} P_{n-1}, \quad n \geqslant 2 \end{cases} \tag{4.12}$$

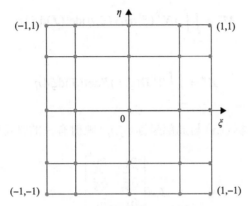

图 4.2   二维平面谱单元示意图

4.2.1   单元矩阵

单元内的位移场可以通过节点位移与形状函数插值得到:

$$\begin{bmatrix} \boldsymbol{u} \\ \boldsymbol{v} \end{bmatrix} = \begin{bmatrix} \varphi_1 & 0 & \cdots & \varphi_1 & 0 \\ 0 & \varphi_1 & \cdots & 0 & \varphi_1 \end{bmatrix} \times \begin{bmatrix} u_1 \\ v_1 \\ \vdots \\ u_n \\ v_n \end{bmatrix} = \boldsymbol{N}\boldsymbol{q} \tag{4.13}$$

式中, $\boldsymbol{N}$ 为单元的形状函数; $\boldsymbol{q}$ 为节点位移向量。

结合式 (4.13) 与几何方程 (4.2) 可得

$$\boldsymbol{\varepsilon} = \boldsymbol{B}\boldsymbol{q} \tag{4.14}$$

式中, $\boldsymbol{B} = \begin{bmatrix} \boldsymbol{B}_1 & \boldsymbol{B}_2 & \cdots & \boldsymbol{B}_k & \cdots & \boldsymbol{B}_n \end{bmatrix}$ 称为几何矩阵, 每个子矩阵 $\boldsymbol{B}_k$ 为

$$\boldsymbol{B}_k = \begin{bmatrix} \dfrac{\partial N_k}{\partial x} & 0 \\ 0 & \dfrac{\partial N_k}{\partial y} \\ \dfrac{\partial N_k}{\partial y} & \dfrac{\partial N_k}{\partial x} \end{bmatrix} \tag{4.15}$$

则物理方程可以进一步表示为

$$\sigma = DBq \tag{4.16}$$

根据 Hamilton 原理可知，二维平面谱单元的质量矩阵和刚度矩阵可以表示为

$$M^e = \int_{-1}^{1}\int_{-1}^{1} \rho N^{\mathrm{T}}(\xi,\eta)N(\xi,\eta)\det(J)\mathrm{d}\xi\mathrm{d}\eta \tag{4.17}$$

$$K^e = \int_{-1}^{1}\int_{-1}^{1} B^{\mathrm{T}}D(\xi,\eta)B\det(J)\mathrm{d}\xi\mathrm{d}\eta \tag{4.18}$$

式中，J 表示全局坐标 (x,y) 与局部坐标 (ξ,η) 映射有关的雅可比矩阵，定义为

$$J = \begin{bmatrix} \dfrac{\partial x}{\partial \xi} & \dfrac{\partial y}{\partial \xi} \\ \dfrac{\partial x}{\partial \eta} & \dfrac{\partial y}{\partial \eta} \end{bmatrix} \tag{4.19}$$

根据 Lobatto 积分法则可知，式 (4.17) 和式 (4.18) 可写为

$$M^e = \sum_{i=1}^{n}\omega_i\sum_{j=1}^{n}\omega_j\rho N^{\mathrm{T}}(\xi_i,\eta_j)N(\xi_i,\eta_j)\det(J^e) \tag{4.20}$$

$$K^e = \sum_{i=1}^{n}\omega_i\sum_{j=1}^{n}\omega_j B^{\mathrm{T}}(\xi_i,\eta_j)DB(\xi_i,\eta_j)\det(J^e) \tag{4.21}$$

式中，ω_i 和 ω_j 分别表示 ξ 和 η 方向的 GLL 积分权重因子。ω_i 独立于单元，表达式为

$$\omega_i = \frac{2}{n(n+1)[P_n(\xi_i)]^2} \tag{4.22}$$

由拉格朗日插值函数与 GLL 积分法可知，ω_i 与形状函数有如下正交关系[3]：

$$\sum_{i=1}^{n}\omega_i N_j N_k = \begin{cases} C_n, & j=k \\ 0, & j\neq k \end{cases} \tag{4.23}$$

由于单元的数值积分点和形状插值函数节点重合，因此由式 (4.20) 可知，单元的质量矩阵为严格对角线形式，这可以减少计算内存的耗费，能够有效提升计算效率。

此外，分析弹性波在一些复杂几何的结构中传播时，特别是曲边结构，一般的四节点几何插值参数单元很难准确描述结构的几何形状，无法满足高效求解的需求[2]。因此，如图 4.3 所示，考虑在笛卡儿坐标系下任意形状的曲边谱单元。

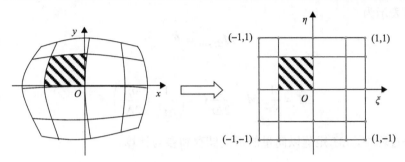

图 4.3　二维曲边谱单元示意图

这种单元能够很好地离散曲率较大的几何边界结构，并且单元质量矩阵及刚度矩阵的推导与四节点几何插值参数单元一致，此处不再赘述。

4.2.2　运动方程求解

组装各单元矩阵可得到全局的刚度矩阵与质量矩阵。根据有限元理论可知，所得的系统运动方程为

$$\boldsymbol{M}\ddot{\boldsymbol{q}} + \boldsymbol{C}\dot{\boldsymbol{q}} + \boldsymbol{K}\boldsymbol{q} = \boldsymbol{F} \tag{4.24}$$

式中，$\boldsymbol{M}$、$\boldsymbol{C}$、$\boldsymbol{K}$ 和 $\boldsymbol{F}$ 分别为结构的总体质量矩阵、总体阻尼矩阵、总体刚度矩阵和等效节点力向量。其中，总体阻尼矩阵通过等效阻尼系数与总体刚度矩阵定义：

$$\boldsymbol{C} = \eta\boldsymbol{M} \tag{4.25}$$

在零初始条件下，采用中心差分法求解上述二阶常微分方程，其迭代格式可表示为

$$\left(\frac{1}{\Delta t^2}\boldsymbol{M} + \frac{1}{2\Delta t}\boldsymbol{C}\right)\boldsymbol{q}_{t+\Delta t} = \boldsymbol{F} - \left(\boldsymbol{K} - \frac{2}{\Delta t^2}\boldsymbol{M}\right)\boldsymbol{q}_t - \left(\frac{1}{\Delta t^2}\boldsymbol{M} - \frac{1}{2\Delta t}\boldsymbol{C}\right)\boldsymbol{q}_{t-\Delta t} \tag{4.26}$$

该显式算法的稳定条件为

$$\Delta t \leqslant \Delta t_{\mathrm{cr}} = \frac{T_{\mathrm{n}}}{\pi} \tag{4.27}$$

式中，Δt_{cr} 为临界时间步长；T_{n} 为结构系统的最大固有振动频率的周期。值得注意的是，在迭代公式 (4.26) 中，等式左边 $\boldsymbol{q}_{t+\Delta t}$ 的系数仅包含 $\frac{1}{\Delta t^2}\boldsymbol{M} + \frac{1}{2\Delta t}\boldsymbol{C} =$

$\left(\dfrac{1}{\Delta t^2}+\dfrac{\lambda}{2\Delta t}\right)\boldsymbol{M}$ 项。由式(4.23)可知，结构系统的质量矩阵 $\boldsymbol{M}$ 为对角线矩阵，因此在迭代过程中有效地避免了矩阵求逆运算，能够大大提高求解速度。此外，式(4.26)也可以表示为

$$\hat{\boldsymbol{M}}\boldsymbol{q}_{t+\Delta t}=\hat{\boldsymbol{F}} \tag{4.28}$$

式中，

$$\hat{\boldsymbol{M}}=\frac{1}{\Delta t^2}\boldsymbol{M}+\frac{1}{2\Delta t}\boldsymbol{C}=\left(\frac{1}{\Delta t^2}+\frac{\eta}{2\Delta t}\right)\boldsymbol{M} \tag{4.29}$$

在求解过程中，$\hat{\boldsymbol{M}}$ 矩阵以向量的形式储存和参与计算。

$$\hat{\boldsymbol{F}}_t=\boldsymbol{F}_t+\frac{2}{\Delta t^2}\boldsymbol{M}\boldsymbol{q}_t-\left(\frac{1}{\Delta t^2}-\frac{\eta}{2\Delta t}\right)\boldsymbol{M}\boldsymbol{q}_{t-\Delta t}-\boldsymbol{K}\boldsymbol{q}_t \tag{4.30}$$

式中，总体刚度矩阵 $\boldsymbol{K}$ 为稀疏的大型矩阵。因此，如第3章所述，可采用逐元法有效降低内存需求，避免大规模的矩阵运算，即

$$\boldsymbol{K}\boldsymbol{q}_t=\sum_{i=1}^{m}\boldsymbol{K}^e\boldsymbol{q}_t^e=\sum_{i=1}^{m}\hat{\boldsymbol{F}}_k^e \tag{4.31}$$

刚度矩阵的总装过程及大型的矩阵运算被简化为各单元内的等效节点力的计算及向量组装，从而降低了所占用的内存和矩阵运算的规模。由迭代式(4.28)可知，当采用逐元法与GLL积分法则时，系统的动力学方程求解被简化为向量运算，亦便于进一步实施并行加速计算。因此，所建立的时域谱单元方法能够以极小的计算耗费求解弹性波在结构体中的传播问题。

4.3 MATLAB 应用程序

本节给出了能够计算任意几何形状的二维平面谱单元的MATLAB程序。针对平面应力和平面应变问题，分别给出相应的弹性矩阵。程序输入变量为单元节点的坐标信息 Coordinates_XY、材料属性信息 Material 和选择的谱单元插值阶次 NGLL。输出为单元的质量矩阵 M_e 和刚度矩阵 K_e。

平面四节点几何插值参数单元矩阵可以通过以下MATLAB程序计算。

```
%..........................................................
% MATLAB codes for spectral element method.
% 2D plane stress/strain element.
function [M_e,K_e]=plane_ele(Coordinates_XY,Material, NGLL)
```

```
% output of mass and stiffness matrices of 2D plane stress/strain spectral
element.
% Coordinates_XY: The coordinates of element nodes in global system.
% Coordinates_XY=[x1 x2 x3 x4 ;
                  %y1 y2 y3 y4];
% Material: The properties of structural material.
% Material=[Elastic modulus, Passion's ratio, density];
% NGLL: The order of interpolation polynomial.

%node number of element.
%1 2
%4 3


% D: elastic material property matrix.
% B: strain-displacement matrix.
% Psi: shape function.
% omegax/ omegay/: integration weight factor in x and y direction,
respectively.

%%%%%%%%%%%%%%%%%%%%%%%%%%%%%%%%%%%%%%%%%%%%%%%%%%
E=Material(1);
v=Material(2);
rou=Material(3);

% elastic matrix for plane stress element.
D=[...
    1  v      0;
    v  1      0;
    0  0  (1-v)/2]*E/(1-v^2);
% elastic matrix for plane strain element.
D=[...
      (1-v)/(1-2*v)         v/(1-2*v)       0;
        v/(1-2*v)         (1-v)/(1-2*v)     0;
            0                   0          1/2]*E/(1+v);

% initialization of matrices.
M_e=0;
K_e=0;
% initialization of Jacobian matrix.
J11=0;
J22=0;
% the order of interpolation degree in two main directions.
```

```
Nx=NGLL; Ny=NGLL;
% configure the GLL nodes in local system.
[nodes_x,Px]=Legendre(Nx);
[nodes_y,Py]=Legendre(Ny);
% Lagrange interpolation
L_x=Lagrange(nodes_x);
L_y=Lagrange(nodes_y);

% derivative of shape function.
r_xi=1/4*[...
              -1 -1;
               1  1;
              -1  1;
               1 -1];
r_yi=1/4*[...
              -1  1;
               1  1;
              -1 -1;
               1 -1];
for ix=1:Nx

    omegax=2/Nx/(Nx-1)/(polyval(Px,nodes_x(ix)))^2;

for iy=1:Ny
    Psi=zeros(2,Ny*Nx*2);
     B =zeros(3,Ny*Nx*2);
    Psi(:,((ix-1)*Ny+iy)*2-1:((ix-1)*Ny+iy)*2)=[...
                                                 1 0 ;
                                                 0 1];

  omegay=2/Ny/(Ny-1)/(polyval(Py,nodes_y(iy)))^2;

for J_i=1:4
            J11(J_i)=polyval(r_xi(J_i,:),nodes_y(iy));
            J22(J_i)=polyval(r_yi(J_i,:),nodes_x(ix));
end

    J=J11* Coordinates_XY (1,:)´*J22* Coordinates_XY (2,:)´-J11* ...
Coordinates_XY (2,:)´*J22* Coordinates_XY (1,:)´;

for jx=1:Nx
for jy=1:Ny
```

```
if jy==iy
                da=polyval(polyder(L_x(jx,:)),nodes_x(ix));
    else
                da=0;
    end

    if jx==ix
                db=polyval(polyder(L_y(jy,:)),nodes_y(iy));
    else
                db=0;
    end
        da1=(da*J22* Coordinates_XY (2,:)´-J11* Coordinates_XY
(2,:)´*db)/J;
        db1=(db*J11* Coordinates_XY (1,:)´-J22* Coordinates_XY
(1,:)´*da)/J;
            B(:,((jx-1)*Ny+jy)*2-1:((jx-1)*Ny+jy)*2)=[...
                                            da1  0;
                                             0  db1;
                                            db1 da1];
    end
end
    M_e=omegax*omegay*Psi´*rou*Psi*J+M_e;
    K_e=omegax*omegay*B´*D*B*J+K_e;
end
end
M_e=reshape(diag(M_e),2*Nx,Ny);
```

　　平面九节点几何插值的单元矩阵可以通过以下 MATLAB 程序计算。程序输入变量为单元节点的坐标 Coordinates_XY，材料属性 Material 和谱单元插值阶次 NGLL。输出则为单元的质量矩阵 M_e 和刚度矩阵 K_e。

```
%..........................................................
%MATLAB codes for spectral element method.
%2D plane stress/strain element with 9 nodes interpolation for geometry.

function [M_e,K_e]=plate_Ele9(Coordinates_XY,Material, NGLL)
%output of mass and stiffness matrices of 2D plane stress/strain spectral
element.
%Material: The properties of structural material.
%Material=[Elastic modulus, Passion's ratio, density];
%NGLL: the order of interpolation polynomial.

%node number of element.
```

```
%1 5 2
%8 9 6
%4 7 3


%D: elastic material property matrix.
%B: strain-displacement matrix.
%Psi: shape function.
%omegax/ omegay/: integration weight factor in x and y direction,
respectively.

E=Material(1);
v=Material(2);
rou=Material(3);

xx=zeros(NGLL,NGLL);
yy=zeros(NGLL,NGLL);



 rou=[...
          rou   0;
           0   rou];

%elastic matrix for plane stress element.
D=[...
          1     v      0;
          v     1      0;
          0     0    (1-v)/2]*E/(1-v^2);
%elastic matrix for plane strain element.
D=[...
     (1-v)/(1-2*v)              v/(1-2*v)        0;
        v/(1-2*v)            (1-v)/(1-2*v)        0;
          0                         0           1/2]*E/(1+v);

M_e=0;
K_e=0;
Nx=NGLL; Ny=NGLL;

[nodes_x,Px]=Legendre(Nx);
[nodes_y,Py]=Legendre(Ny);
L_x=Lagrange(nodes_x);
L_y=Lagrange(nodes_y);


L_spe=Lagrange([-1 0 1]);
```

```
RL_spe=[...
          polyder(L_spe(1,:));
          polyder(L_spe(2,:));
          polyder(L_spe(3,:))];
dow=[4 7 3 8 9 6 1 5 2 ];

for ix=1:Nx

    omegax=2/Nx/(Nx-1)/(polyval(Px,nodes_x(ix)))^2;

for iy=1:Ny
      Psi=zeros(2,Ny*Nx*2);
       B =zeros(3,Ny*Nx*2);
      Psi(:,((ix-1)*Ny+iy)*2-1:((ix-1)*Ny+iy)*2)=[...
                                            1 0 ;
                                            0 1];

    omegay=2/Ny/(Ny-1)/(polyval(Py,nodes_y(iy)))^2;
for nyi=1:3
for nxi=1:3

              n=(nyi-1)*3+nxi;
          J11(dow(n))=polyval(L_spe(nyi,:),nodes_y(iy))*polyval(RL_
spe(nxi,:),nodes_x(ix));
          J22(dow(n))=polyval(L_spe(nxi,:),nodes_x(ix))*polyval(RL_s
pe(nyi,:),nodes_y(iy));
end
end

    J=J11* Coordinates_XY(1,:)´*J22* Coordinates_XY(2,:)´-J11* ...
      Coordinates_XY(2,:)´*J22* Coordinates_XY(1,:)´;

for jx=1:Nx
for jy=1:Ny
if jy==iy
                da=polyval(polyder(L_x(jx,:)),nodes_x(ix));
else
                da=0;
end

if jx==ix
                db=polyval(polyder(L_y(jy,:)),nodes_y(iy));
```

```
else
                  db=0;
end

              da1=(da*J22* Coordinates_XY(2,:)´-J11* Coordinates_XY
(2,:)´*db)/J;
              db1=(db*J11* Coordinates_XY(1,:)´-J22* Coordinates_XY
(1,:)´*da)/J;
              B(:,((jx-1)*Ny+jy)*2-1:((jx-1)*Ny+jy)*2)=[...
                                              da1  0;
                                               0  db1;
                                              db1 da1];


end
end

    M_e=omegax*omegay*Psi´*rou*Psi*J+M_e;
    K_e=omegax*omegay*B´*D*B*J+K_e;
for nyi=1:3
for nxi=1:3

          n=(nyi-1)*3+nxi;
       N(dow(n))=polyval(L_spe(nyi,:),nodes_y(iy))*polyval(L_spe(n
xi,:),nodes_x (ix));

end
end

       xx(NGLL+1-iy,ix)=N* Coordinates_XY(1,:)´;
       yy(NGLL+1-iy,ix)=N* Coordinates_XY(2,:)´;

end
end
M_e=reshape(diag(M_e),2*Nx,Ny);
```

　　此外，在接下来的篇章中，会经常用到求解任意阶次的 *Legendre* 插值节点和形成时域谱单元的 *Lagrange* 插值的函数。本节给出了实现上述两种功能的函数，以便读者参考。

```
%%%%%%%%%%%%%%%%%%
function  [nodes_x,P]=Legendre(N)
%N: the order of interpolation polyminals.
```

```
% nodes_x: the coordinates of interpolation nodes.

n=N-1;
if n==0                                   % Legendre polynomial
        P=1;
elseif n==1
        P=[1 0];
else
        P_n_1=[0 1]; P_n=[1 0];
for i=1:(n-1)
            P=(2*i+1)/(i+1)*[P_n 0]-i/(i+1)*[0 P_n_1];
            P_n_1=[0 P_n];
            P_n=P;
end
end

 P_derive=polyder(P);
 nodes_x=roots(conv([-1 0 1],P_derive));
 nodes_x=sort(nodes_x);
end
function L_x=Lagrange(nodes_x)

for i=1:length(nodes_x)
        P=1;Q=1;
for j=1:length(nodes_x)
if i~=j
            P=conv(P,[1 -nodes_x(j)]);
            Q=Q*(nodes_x(i)-nodes_x(j));
end
end
  L_x(i,:)=P/Q;

end
end
```

4.4　应　用　算　例

算例 4.1　现有一方形平板，其边界自由，结构尺寸如图 4.4 所示，材料属性见表 4.1。该问题为平面应力问题。选择平板几何中心为激励作用点，施加中心频率为 500kHz 经汉宁窗调制的 5 周期正弦波，监测点位置如图所示。

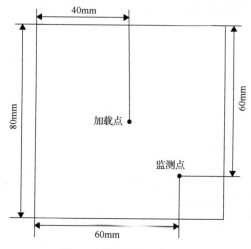

图 4.4　平面结构几何形状

　　采用时域谱单元方法求解弹性波在该结构中的传播行为,经过收敛性分析,谱单元将结构离散为 225 个单元,单元内插节点为 4×4,积分时间步长选择 0.1μs 时结果收敛。通过计算,图 4.5 和图 4.6 给出了整个结构在 $t=8×10^{-6}$ s 时的位移云图。

表 4.1　方形平板的材料属性

杨氏模量/GPa	泊松比	密度/(kg/m³)
200	0.28	8030

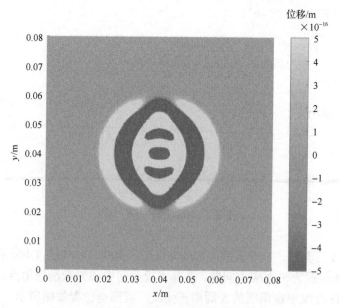

图 4.5　平面 x 方向位移云图

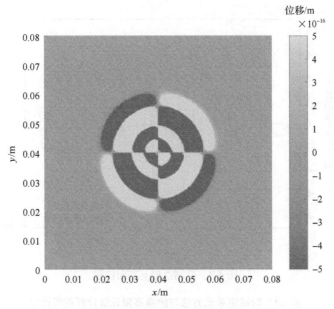

图 4.6　平面 y 方向位移云图

同时，采用经典有限元法验证所建立单元的有效性。经典有限元法和时域谱单元方法所得监测点处的位移响应如图 4.7 和图 4.8 所示。

通过对比可知，这里所建立的时域谱单元方法能够正确地模拟弹性波在二维平面结构中的传播。表 4.2 给出了两种方法的计算规模对比。由表可见，时域谱单元方法能够以较小的计算规模快速求解结构的动态响应。

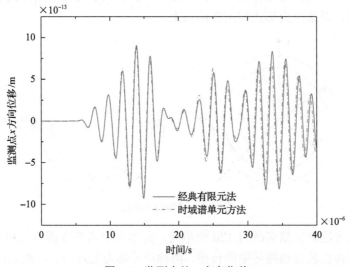

图 4.7　监测点处 x 方向位移

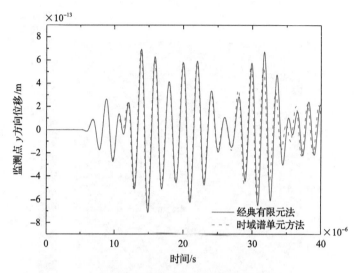

图 4.8 监测点处 y 方向位移

表 4.2 时域谱单元方法与经典有限元法计算规模比较

方法	单元数量	总自由度
时域谱单元方法	225	512
经典有限元法	6400	13122

算例 4.2 一个钢制圆环结构如图 4.9 所示，外径为 63.15mm，内径为 51.05mm，材料的属性见表 4.1。取对称的一半结构，并在对称面处施加相应的对称边界条件。激励信号与算例 4.1 中一致，中心频率为 500kHz 的汉宁窗调制的 5 周期正弦波，以集中力形式作用在结构上。

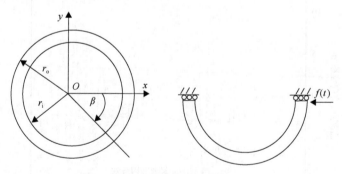

图 4.9 钢制圆环结构

谱单元方法将模型离散为 120 个单元，分别采用四节点谱单元和九节点曲边谱单元求解弹性波在该圆环中的传播，两种单元均为七阶插值。图 4.10 给出了不同时刻下弹性波在圆环中传播的位移云图。由图可知，不同时刻四节点谱单元和

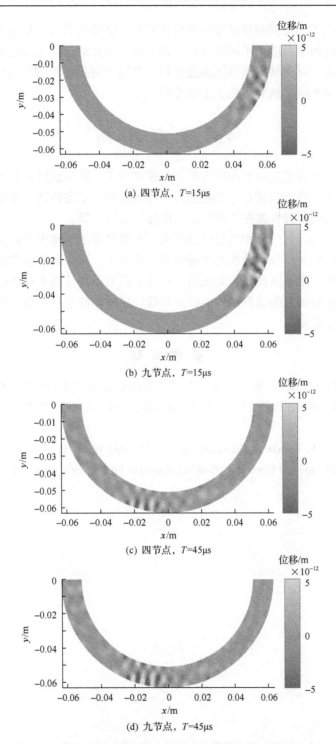

(a) 四节点，T=15μs

(b) 九节点，T=15μs

(c) 四节点，T=45μs

(d) 九节点，T=45μs

图 4.10　不同时刻下弹性波在圆环中传播的位移云图(y 方向)

九节点曲边谱单元得到的位移场都有显著差异。这是由四节点和九节点通过谱单元对结构几何的逼近能力不同造成的。四节点谱单元通过直线逼近曲边;而九节点曲边谱单元可以更精确地描述曲边结构。采用不同的计算模型相当于分析波在不同的结构中传播,从而造成了上述差异。

4.5　本 章 小 结

本章针对平面应变和平面应力两类问题推导了二维平面时域谱单元。这种单元同时在两个正交方向进行非等距插值,有效地减少了龙格效应带来的误差,实现了快速准确地对弹性波在二维平面内传播行为的求解。

此外,针对几何边界相对复杂的结构,本章推导了一种用于弹性波传播分析的曲边平面谱单元,该单元在九个插值节点间采用二次函数近似曲线边界,在位移场上则采用高于二阶的任意阶插值。相较于四节点直边的平面谱单元,九节点曲边谱单元在求解复杂边界结构中的波传播问题时,能更好地逼近结构的几何形状,求解精度更高。

参 考 文 献

[1] 竺润祥, 姜晋庆, 张铎, 等. 航天器计算结构力学[M]. 北京: 宇航出版社, 1996.

[2] 徐超, 王腾. 基于曲边平面谱单元的弹性波传播分析[J]. 北京理工大学学报, 2015, 36(6): 560-565.

[3] Ostachowicz W, Kudela P, Krawczuk M, et al. Guided Waves in Structures for SHM: The Time-Domain Spectral Element Method[M]. Hoboken: John Wiley & Sons, 2011.

第5章　轴对称结构中波传播分析的时域谱单元方法

在实际工程中，一些结构的几何形状、约束边界及载荷条件等都对称于某一固定的轴，该轴称为对称轴。结构在载荷作用下所产生的位移、应变、应力也都对称于此轴。这种问题称为轴对称问题。通常，采用柱坐标系(r,θ,z)描述轴对称问题的几何和物理场。当z轴与对称轴重合时，载荷及位移等都只是坐标r、z的函数，与θ无关，每个对称面内的位移都完全相同。因此，三维问题可简化为二维问题分析[1]。

5.1　轴对称问题的基本方程

如图 5.1 所示，取一轴对称结构的微元体进行受力分析，微元体内任意一点位移可由沿r方向的径向位移分量u和沿z方向的轴向位移分量w表示。应力分量有沿r方向的正应力σ_{rr}，沿θ方向的正应力$\sigma_{\theta\theta}$和沿z方向的正应力σ_{zz}，垂直于z轴沿r方向的剪应力τ_{zr}。由于对称性，其余剪应力分量均为 0。在不考虑体力的情况下，微元体的平衡方程可写为

$$\frac{\partial \sigma_{rr}}{\partial r}+\frac{\partial \tau_{rz}}{\partial z}+\frac{\sigma_{rr}-\sigma_{\theta\theta}}{r}=\rho\frac{\partial^2 u}{\partial t^2} \tag{5.1}$$

$$\frac{\partial \tau_{rz}}{\partial r}+\frac{\partial \sigma_{zz}}{\partial z}+\frac{\tau_{rz}}{r}=\rho\frac{\partial^2 w}{\partial t^2} \tag{5.2}$$

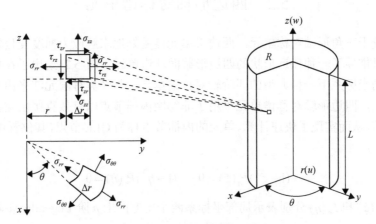

图 5.1　轴对称微元体受力分析

根据小变形假设，柱坐标系下的轴对称问题几何方程可表示为

$$\boldsymbol{\varepsilon} = \begin{bmatrix} \varepsilon_{rr} \\ \varepsilon_{\theta\theta} \\ \varepsilon_{zz} \\ \gamma_{rz} \end{bmatrix} = \begin{bmatrix} \dfrac{\partial u}{\partial r} \\ \dfrac{u}{r} \\ \dfrac{\partial w}{\partial z} \\ \dfrac{\partial u}{\partial z} + \dfrac{\partial w}{\partial r} \end{bmatrix} \tag{5.3}$$

式中，ε_{rr}、$\varepsilon_{\theta\theta}$、$\varepsilon_{zz}$ 和 γ_{rz} 分别为各应力对应的应变分量。根据胡克定律，该问题的物理方程为

$$\boldsymbol{\sigma} = \begin{bmatrix} \sigma_{rr} \\ \sigma_{\theta\theta} \\ \sigma_{zz} \\ \sigma_{rz} \end{bmatrix} = \boldsymbol{D\varepsilon} \tag{5.4}$$

式中，$\boldsymbol{D}$ 称为弹性矩阵，定义为

$$\boldsymbol{D} = \frac{E}{(1+\mu)(1-2\mu)} \begin{bmatrix} 1-\mu & \mu & \mu & 0 \\ \mu & 1-\mu & \mu & 0 \\ \mu & \mu & 1-\mu & 0 \\ 0 & 0 & 0 & \dfrac{1-2\mu}{2} \end{bmatrix} \tag{5.5}$$

5.2 四边形轴对称谱单元

相较于三角形轴对称单元，四边形单元能更好地求解应力梯度变化较大的问题。这里推导了一种任意形状的四边形截面环谱单元。图 5.2 给出了在局部坐标系和全局坐标系下一种典型的四阶轴对称谱单元。与经典有限元法采用等距节点插值不同，四边形轴对称谱单元采用了非等距内插节点以有效克服由龙格效应引入的误差，从而实现了快速计算。单元的内插节点称为 GLL 节点，其位置由式 (5.6) 的根决定：

$$(1-\xi^2)P_n'(\xi) = 0, \quad (1-\eta^2)P_n'(\eta) = 0 \tag{5.6}$$

式中，$P_n'(\xi)$ 和 $P_n'(\eta)$ 分别表示局部坐标系两个主方向上 n 阶 Legendre 多项式的一阶导数。通过式 (5.6) 可得单元内所有节点的坐标。

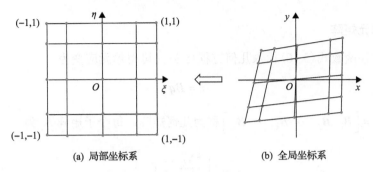

图 5.2　四阶轴对称谱单元

5.2.1　位移函数

单元内部的位移场可以用节点位移和形状函数表示为

$$\boldsymbol{u} = \sum_{i=1}^{n_\xi+1} \sum_{j=1}^{n_\eta+1} N_i(\xi)N_j(\eta)u_{ij} \tag{5.7}$$

$$\boldsymbol{w} = \sum_{i=1}^{n_\xi+1} \sum_{j=1}^{n_\eta+1} N_i(\xi)N_j(\eta)w_{ij} \tag{5.8}$$

式中，n_ξ 和 n_η 分别为谱单元在 ξ 和 η 方向的插值阶次；N_i 和 N_j 分别为 ξ 和 η 方向的插值函数。因此，当轴对称谱单元在两个主方向插值阶次均为 n 时，单元共有节点 $m = (n+1)^2$ 个，单元的形状插值函数可合并表示为统一格式：

$$\boldsymbol{N}_{k=1,2,\cdots,m}(\xi,\eta) = N_i(\xi)N_j(\eta) \tag{5.9}$$

位移函数用矩阵形式可表示为

$$\begin{bmatrix} \boldsymbol{u} \\ \boldsymbol{w} \end{bmatrix} = \begin{bmatrix} N_1(\xi,\eta) & 0 & \cdots & N_m(\xi,\eta) & 0 \\ 0 & N_1(\xi,\eta) & \cdots & 0 & N_m(\xi,\eta) \end{bmatrix} \begin{bmatrix} u_1 \\ w_1 \\ u_2 \\ w_2 \\ \vdots \\ u_m \\ w_m \end{bmatrix} = \boldsymbol{Nq} \tag{5.10}$$

式中，$\boldsymbol{N}$ 为单元的插值矩阵；$\boldsymbol{q}$ 为单元节点位移向量。

5.2.2 单元矩阵

将位移函数式(5.10)代入几何方程(5.3)，可得单元应变为

$$\boldsymbol{\varepsilon} = \boldsymbol{B}\boldsymbol{q} \tag{5.11}$$

式中，$\boldsymbol{B} = \begin{bmatrix} \boldsymbol{B}_1 & \boldsymbol{B}_2 & \cdots & \boldsymbol{B}_k & \cdots & \boldsymbol{B}_m \end{bmatrix}$ 称为几何矩阵，每个子矩阵 $\boldsymbol{B}_k$ 为

$$\boldsymbol{B}_k = \begin{bmatrix} \dfrac{\partial N_k}{\partial r} & 0 \\ \dfrac{N_k}{r} & 0 \\ 0 & \dfrac{\partial N_k}{\partial z} \\ \dfrac{\partial N_k}{\partial z} & \dfrac{\partial N_k}{\partial r} \end{bmatrix} \tag{5.12}$$

根据物理方程(5.4)可知

$$\boldsymbol{\sigma} = \boldsymbol{DB}\boldsymbol{q} \tag{5.13}$$

根据 Hamilton 原理可知，四边形轴对称谱单元的质量矩阵和刚度矩阵可表示为

$$\boldsymbol{M}^e = 2\pi \int_{-1}^{1}\int_{-1}^{1} \rho \boldsymbol{N}^{\mathrm{T}}\boldsymbol{N}r\det(\boldsymbol{J})\mathrm{d}\xi\mathrm{d}\eta \tag{5.14}$$

$$\boldsymbol{K}^e = 2\pi \int_{-1}^{1}\int_{-1}^{1} \boldsymbol{B}^{\mathrm{T}}\boldsymbol{DB}r\det(\boldsymbol{J})\mathrm{d}\xi\mathrm{d}\eta \tag{5.15}$$

式中，$\boldsymbol{J}$ 表示全局坐标(r, z)与局部坐标(ξ,η)映射有关的雅可比矩阵，定义为

$$\boldsymbol{J} = \begin{bmatrix} \dfrac{\partial r}{\partial \xi} & \dfrac{\partial z}{\partial \xi} \\ \dfrac{\partial r}{\partial \eta} & \dfrac{\partial z}{\partial \eta} \end{bmatrix} \tag{5.16}$$

根据 Lobatto 积分法则可知，式(5.14)和式(5.15)可写为

$$\boldsymbol{M}^e = 2\pi \sum_{i=1}^{n}\omega_i \sum_{j=1}^{n}\omega_j \rho \boldsymbol{N}^{\mathrm{T}}\boldsymbol{N}r\det\left[\boldsymbol{J}(\xi,\eta)\right] \tag{5.17}$$

$$K^e = 2\pi \sum_{i=1}^{n} \omega_i \sum_{j=1}^{n} \omega_j \boldsymbol{B}^{\mathrm{T}} \boldsymbol{D} \boldsymbol{B} r \det\left[\boldsymbol{J}(\xi,\eta)\right] \tag{5.18}$$

与平面问题类似，积分权重因子 ω_i 和 ω_j 与各自主方向上的形状函数正交，有

$$\sum_{i=1}^{n} \omega_i N_n N_m = \begin{cases} C_n, & n = m \\ 0, & n \neq m \end{cases} \tag{5.19}$$

因此，轴对称谱单元的质量矩阵也为对角线形式，从而避免了迭代过程中矩阵的求逆。

5.3 轴对称问题中的奇异问题

在实际工程中，存在大量的实心轴对称结构。在柱坐标系下，对称轴上所有节点的径向坐标 $r = 0$。由式(5.3)可知，此时环向应变分量 $\varepsilon_{\theta\theta} = \dfrac{u}{r}$ 分母为 0，出现了奇异问题。相应地，几何矩阵 $\boldsymbol{B}$ 中也含有奇异元素，因而无法直接求得单元的刚度矩阵 $\boldsymbol{K}^e$。

此外，根据质量矩阵 $\boldsymbol{M}^e$ 计算式(5.14)时，当 $r = 0$ 时，$\boldsymbol{M}^e$ 主对角线上元素为 0。由 3.6 节可知，若采用中心差分法求解系统的动力学微分方程，$\boldsymbol{M}^e$ 作为除数存在于迭代计算中，同样存在奇异问题。

以上两种奇异统称为轴对称问题中的奇异问题。为了求解弹性波在实心轴对称结构中的传播问题，必须要消除这种奇异现象。

5.3.1 刚度矩阵中的奇异问题

刚度矩阵中的奇异问题主要是由对称轴上节点在几何矩阵中奇异引起的。这里主要通过构造新型形状函数和引入边界两种方法消除奇异性。

以轴对称三角圆环单元为例，可构造一种新的位移函数[2]：

$$u = rL_1 e_1 + rL_2 e_2 + rL_3 e_3 \tag{5.20}$$

$$w = L_1 w_1 + L_2 w_2 + L_3 w_3 \tag{5.21}$$

式中，e_1、e_2 和 e_3 表示三角圆环单元角点 1、2、3 上的广义位移 $\dfrac{u}{r}$。这种插值函数保证了在对称轴上各节点，即 $r = 0$ 时，轴向位移 u 也一定为 0。这种单元的位移插值可表示为

$$\begin{bmatrix} \boldsymbol{u} \\ \boldsymbol{w} \end{bmatrix} = \begin{bmatrix} rL_1 & 0 & rL_2 & 0 & rL_3 & 0 \\ 0 & L_1 & 0 & L_2 & 0 & L_3 \end{bmatrix} \begin{bmatrix} e_1 \\ w_1 \\ e_2 \\ w_2 \\ e_3 \\ w_3 \end{bmatrix} \tag{5.22}$$

则几何方程为

$$\boldsymbol{\varepsilon} = \boldsymbol{B}^* \boldsymbol{u}^* \tag{5.23}$$

$$\boldsymbol{u}^* = \begin{bmatrix} e_1 & w_1 & e_2 & w_2 & e_3 & w_3 \end{bmatrix}^{\mathrm{T}} \tag{5.24}$$

$$\boldsymbol{B}^* = \begin{bmatrix} L_1 + r\dfrac{\partial L_1}{\partial r} & 0 & L_2 + r\dfrac{\partial L_2}{\partial r} & 0 & L_3 + r\dfrac{\partial L_3}{\partial r} & 0 \\ L_1 & 0 & L_2 & 0 & L_3 & 0 \\ 0 & \dfrac{\partial L_1}{\partial z} & 0 & \dfrac{\partial L_2}{\partial z} & 0 & \dfrac{\partial L_3}{\partial z} \\ r\dfrac{\partial L_1}{\partial z} & \dfrac{\partial L_1}{\partial r} & r\dfrac{\partial L_2}{\partial z} & \dfrac{\partial L_2}{\partial r} & r\dfrac{\partial L_3}{\partial z} & \dfrac{\partial L_3}{\partial r} \end{bmatrix} \tag{5.25}$$

式中，$\boldsymbol{B}^*$ 为广义几何矩阵；$\boldsymbol{u}^*$ 为广义节点位移向量。由式 (5.25) 可知，几何矩阵中不含 r 的分母项，从而可以直接求得精确的刚度矩阵。

这种方法将轴线上径向位移 $u=0$ 的条件先引入形状函数，从而避免了积分奇异。此外，还可在形成总刚度矩阵时，引入轴线上径向位移为 0 的条件，消除奇异性。即当 $r=0$ 时，有

$$u = 0 \tag{5.26}$$

在形成总体刚度矩阵后，引入上述边界条件，采用"置 0 置 1 法"将刚度矩阵中引起奇异的行与列进行处理[3]。

5.3.2　质量矩阵中的奇异问题

如图 5.3 所示，有一个轴对称谱单元左边界与对称轴相重合。由式 (5.17) 可知，在质量矩阵中，对称轴上的实心节点所对应元素均为 0。在求解动力学微分方程时，产生奇异，无法计算。一般来讲，工程上所采取的方法是将单元径向坐标 r 向右偏移一个小量 Δ。如图 5.4 所示，其本质是用一个内径很小的空心圆柱体近似等效实心轴对称体。但这种方法有如下缺点：平移小量 Δ 与模型径向尺寸相关。

例如，当模型径向尺寸为 5in（1in=2.54cm）时，平移小量 $\Delta \geqslant 10^{-3}$ in 才能保证对称轴线上节点质量足够大，在计算时不会被大数所覆盖。因此，模型的尺寸越大，所需的平移小量就越大，但引入的误差也就越大。采用平移小量的方式虽然避免了积分的奇异性，但也改变了模型的质量与刚度特性，所得结果并非真实解。

实际应用中，一方面弹性波传播仿真对网格密度要求比较高，因此网格尺寸通常都较小；另一方面时域谱单元节点在单元边界分布更加密集。如图 5.3 所示，单元内对称轴上节点（实心节点）与其相邻节点（空心节点）十分接近。若将空心节点的质量均分给对称轴上各节点，则可以以很小的误差避免质量矩阵的奇异性问题[4]。这种方法的优点在于：①模型精确，不使用等效空心圆柱模型，精确求解实心轴对称体的动力学问题；②刚度矩阵精确，刚度矩阵严格按照定义求解；③总体质量矩阵精确，质量矩阵严格满足模型质量要求，不会引入额外质量。

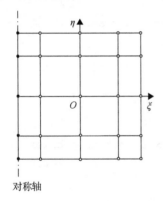

图 5.3　一边与对称轴重合的轴对称谱单元

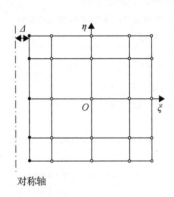

图 5.4　等效空心轴对称谱单元

5.4　MATLAB 应用程序

为了更方便、直观地了解四边形轴对称谱单元，这里给出了计算任意的四边形轴对称谱单元各单元矩阵的 MATLAB 程序。程序输入变量为单元节点的坐标 Coordinates_XY、材料属性 Material 和谱单元插值阶次 NGLL。输出则为单元的质量矩阵 M_e 和刚度矩阵 K_e。

```
%...............................................................
%MATLAB codes for spectral element method.
%axisymmetric element.
function [M_e, K_e]=Axis_E (Coordinates_XY, Material, NGLL)

%output of mass and stiffness matrices of axisymmetric spectral element.
%Coordinates_XY: The coordinates of element nodes in global system.
```

```
%Coordinates_XY=[r1 r2 r3 r4;
%z1 z2 z3 z4 ];
%Material: The properties of structural material.
%Material=[Elastic modulus, Passion's ratio, density].
%NGLL: the order of interpolation polynomial.

%node number of element.
%1 2
%4 3


%D:elastic material property matrix.
%B: strain.displacement matrix.
%Psi: shape function.
%omegar/omegaz: integration weight factor in r and z direction,
respectively.

E= Material (1);
v= Material (2);
rou= Material (3);

%Elastic material property matrix for axisymmetric problem.
D=[...
     1         v/(1-v)   v/(1-v)          0;
   v/(1-v)       1       v/(1-v)          0;
   v/(1-v)     v/(1-v)      1             0;
     0           0          0      (1-2*v)/2/(1-v)]*E*(1-v)/(1+v)/(1-2*v);
%initialization of matrices.
M_e=0;
K_e=0;
%initialization of Jacobian matrix.
J11=0;
J22=0;
%the order of interpolation degree in two main direction.
Nr=NGLL;
Nz=NGLL;

%configure the GLL nodes in local system.
[nodes_r,Pr]=Legendre(Nr);
[nodes_z,Pz]=Legendre(Nz);
%Lagrange interpolation
L_r=Lagrange(nodes_r);
```

```
L_z=Lagrange(nodes_z);
%configure the shape function.
%Shape function= NG1*NG2.
  NG1=[-1 1;
        1 1;
        1 1;
       -1 1]/2;
  NG2=[ 1 1;
        1 1;
       -1 1;
       -1 1]/2;
%configure the derivative of shape function.
  r_xi=1/4*[...
              -1 -1;
               1  1;
              -1  1;
               1 -1];
  r_yi=1/4*[...
              -1  1;
               1  1;
              -1 -1;
               1 -1];
%calculate the B matrix.
for ix=1:Nr
      omegar=2/Nr/(Nr-1)/(polyval(Pr,nodes_r(ix)))^2;
for iy=1:Nz
      Psi=zeros(2,Nz*Nr*2);
       B =zeros(4,Nz*Nr*2);
      Psi(:,((ix-1)*Nz+iy)*2-1:((ix-1)*Nz+iy)*2)=[...
                                            1 0 ;
                                            0 1];
      omegaz=2/Nz/(Nz-1)/(polyval(Pz,nodes_z(iy)))^2;

for J_i=1:4
          J11(J_i)=polyval(r_xi(J_i,:),nodes_z(iy));
          J22(J_i)=polyval(r_yi(J_i,:),nodes_r(ix));
end

   J=J11* Coordinates_XY(1,:)´*J22* Coordinates_XY(2,:)´-J11*
Coordinates_XY(2,:)´*J22* Coordinates_XY(1,:)´;

for jx=1:Nr
```

```
for jy=1:Nz
if jy==iy
                      da=polyval(polyder(L_r(jx,:)),nodes_r(ix));
else
                      da=0;
end

if jx==ix
                      db=polyval(polyder(L_z(jy,:)),nodes_z(iy));
else
                      db=0;
end

if jx==ix&&jy==iy
                      dc=1;
                      r=0;
for ri=1:4
                          r=polyval(NG1(ri,:),nodes_z(ix))*polyval(NG2
                          (ri,:),nodes_z(iy))*Coordinates_XY(1,ri)+r;
end
          dc=dc/r;
else
          dc=0;
end
      da1=(da*J22* Coordinates_XY(2,:)´-J11* Coordinates_XY(2,:)´*
      db)/J;
      db1=(db*J11* Coordinates_XY(1,:)´-J22* Coordinates_XY(1,:)´*
      da)/J;

      B(:,((jx-1)*Nz+jy)*2-1:((jx-1)*Nz+jy)*2)=[...
                                              da1  0;
                                              dc   0;
                                               0  db1;
                                              db1 da1];
end
end
              r=0;
for ri=1:4
                      r=polyval(NG1(ri,:),nodes_z(ix))*polyval(NG2(ri,
                      :),nodes_z(iy))*
      Coordinates_XY(1,ri)+r;
end
```

```
M_e=2*pi*r*omegar*omegaz*Psi´*rou*Psi*J+M_e;
K_e=2*pi*r*omegar*omegaz*B´*D*B*J+K_e;
end
end
M_e=reshape(diag(M_e),2*Nr,Nz);
```

5.5　应　用　算　例

算例 5.1　现有一轴对称空心圆柱，其某一对称截面如图 5.5 所示。结构的材料为铝，杨氏模量为 70GPa，密度为 2700kg/m³，泊松比为 0.3。在结构的内壁中心点处，施加中心频率为 50kHz 的经汉宁窗调制 5 周期正弦波的力激励。监测点选择圆柱截面的几何中心点，采集其位移响应。

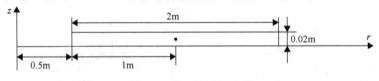

图 5.5　空心轴对称模型

经过收敛性分析可知，采用时域谱单元方法将轴对称结构划分为 200 个单元，每个单元为 7 阶插值时可得到收敛的结果。为了验证单元的有效性，同时采用经典有限元法对该问题进行求解，使用商业有限元软件 Abaqus 将结构划分为 19200 个单元，选择 CAX4R 类型单元，两种方法计算中积分时间步长都选为 0.01μs。所得结果对比如图 5.6 所示。

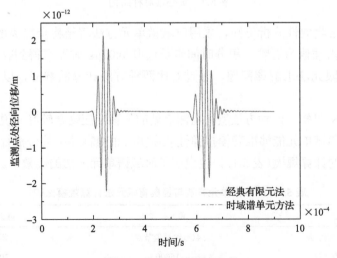

图 5.6　监测点处时域响应

根据图 5.6 监测点的位移响应可以看出，对于轴对称问题，经典有限元法的解与时域谱单元方法的解能够较好地吻合，说明了谱单元的有效性；通过对比两种方法的计算规模，说明了在求得相同精度的结果下，时域谱单元方法的计算效率要远高于经典有限元法。

算例 5.2 如图 5.7 所示，有一半径为 1in、高 0.05in 的实心圆柱体。结构杨氏模量为 53Mpsi（1psi≈0.006895MPa），密度为 $3.7×10^{-4}$lb/in^3（1lb/in^3≈27679.904703kg/m^3），泊松比为 0.3。其顶端半径为 0.25in 的区域内受到顶压。压强由式(5.27)确定：

$$f(r,t) = -\psi(t)P(H(r) - H(r - r_p)) \tag{5.27}$$

式中，$P = 10^6$；H 为 Heaviside 阶跃函数；$\psi(t)$ 为时域的三角脉冲激励，其峰值出现在 $t_1 = 0.5\mu s$，在 $t_2 = 1\mu s$ 时消失。监测点的坐标为 (0.2, 0.8)，输出其位移响应。

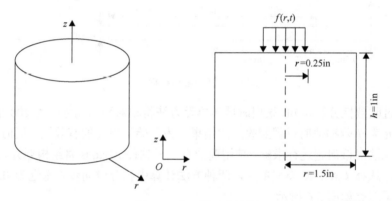

图 5.7　实心轴对称结构

经过网格收敛性分析可知，采用时域谱单元方法将结构全局离散为 6×16 个单元，单元内插值为五阶，积分时间步长选取 0.01μs 时即可得到收敛解。同时采用经典有限元法求解该问题，通过对比两种方法计算的响应，以证明单元的有效性。

由图 5.8 可知，两种方法所得监测点处的位移响应吻合较好，说明了这里所建立的轴对称谱单元能够准确模拟弹性波在实心轴对称体中的传播行为；通过对比两种方法的计算规模(表 5.1)，也说明了时域谱单元方法的高效性。

表 5.1　时域谱单元方法与经典有限元法计算规模比较

方法	单元数量	总自由度
时域谱单元方法	54(五阶插值节点)	2050
经典有限元法	15000	30502

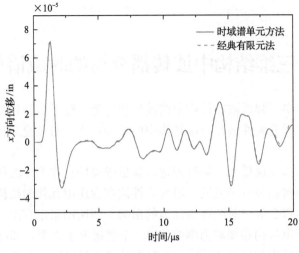

图 5.8　监测点处位移响应

5.6　本章小结

本章介绍了轴对称时域谱单元及其单元矩阵，以求解弹性波在轴对称结构中的传播；还介绍了求解轴对称结构问题时出现的奇异现象，并给出了具体的消除奇异的方法。

通过对比经典有限元法与时域谱单元方法在计算弹性波在空心轴对称体及实心轴对称体中的响应结果，验证了本章所建立单元的有效性，说明了消除奇异性策略的有效性。通过对比两种方法求解同一问题时的计算规模，说明了时域谱单元方法的高效性。

参 考 文 献

[1] 竺润祥, 姜晋庆, 张铎, 等. 航天器计算结构力学[M]. 北京: 宇航出版社, 1996.

[2] 钱伟长. 轴对称弹性体的有限元分析[J]. 应用数学和力学, 1980, 1(1): 25-35.

[3] 徐孝诚. 轴对称实心体的有限元分析[J]. 宇航学报, 1983, (4): 26-32.

[4] Xu C, Yu Z X. Numerical simulation of elastic wave propagation in functionally graded cylinders using time-domain spectral finite element method[J]. Advances in Mechanical Engineering, 2017, 9(11): 1-17.

第6章 三维结构中波传播分析的时域谱单元方法

在实际工程中，弹性波在结构中的波传播行为一般不能简化为二维或一维问题。因此，为了研究弹性波在三维结构中的传播行为，必须建立三维谱单元以进行分析[1]。

压电片因为体积质量小、频率带宽、易集成等特点作为导波激发和敏感元件被广泛应用于结构健康监测领域。研究弹性波在含压电元件的结构中传播时，需考虑压电元件的耦合效应对波传播行为的影响。邓庆田采用有限元法研究了在纵向载荷下层合压电杆的频域动力学响应[2]。李鹏研究了界面、梯度功能材料等因素对波在压电元件中传播的影响[3]，其工作对复合材料压电设备的设计分析及测试有重要意义。杜朝亮等采用回传矩阵-射线方法对横观各向同性的压电结构进行了频域的波传播分析[4]。文献[5]结合二维单层单元与三维多层压电单元，建立了分析双压电晶片悬臂梁的有限元法，研究了结构在压电效应下的静力学与动力学响应。文献[6]～[9]基于经典有限元法研究了压电耦合结构中的波传播行为，但需要注意的是，经典有限元法在求解结构弹性波传播问题时存在着计算耗费大、精度低等问题。

近年来，宏纤维压电材料(macro fiber composite, MFC)复合作动器和传感器因其柔性好、易于黏接于曲面结构上等优点在结构健康监测中的应用日益增多[10]。在对结构健康进行监测时，通常在结构的关键位置布置若干MFC复合作动器和传感器。压电元件激发的弹性波在结构中传播本质上是三维的。同时，即使对于薄板类结构，其裂纹、腐蚀等损伤也多发生在沿板厚度方向的局部位置，因此，必须要对结构进行三维建模和分析才能有效地模拟弹性导波在结构中的传播行为及其与损伤的相互作用关系。

此外，针对同时考虑压电元件和待测结构的耦合问题，纵向载荷下，层合压电杆对压电元件、黏接层和结构组合体采用统一的三维单元来描述，具有形式简单、易于建模等优点。综上所述，本章给出了一种三维时域压电谱单元，并将其用于模拟弹性波在压电耦合结构中的传播行为。

6.1 三维问题的基本方程

如图6.1所示，从三维结构中取一个微元体进行受力分析。根据达朗贝尔原理可知，微元体的平衡方程为

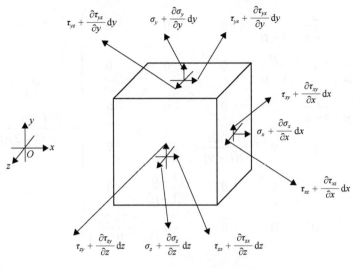

图 6.1　三维微元体的受力分析

$$L(\nabla)\boldsymbol{\sigma} + \boldsymbol{f} = \rho \frac{\partial^2 \boldsymbol{u}}{\partial t^2} \tag{6.1}$$

几何方程为

$$\boldsymbol{\varepsilon} = L^{\mathrm{T}}(\nabla)\boldsymbol{u} \tag{6.2}$$

物理方程为

$$\boldsymbol{\sigma} = \boldsymbol{D}\boldsymbol{\varepsilon} \tag{6.3}$$

式中,

$$\boldsymbol{u} = \begin{bmatrix} u & v & w \end{bmatrix}^{\mathrm{T}} \tag{6.4}$$

$$\boldsymbol{\varepsilon} = \begin{bmatrix} \varepsilon_x & \varepsilon_y & \varepsilon_z & \gamma_{yz} & \gamma_{xz} & \gamma_{xy} \end{bmatrix}^{\mathrm{T}}, \quad \boldsymbol{\sigma} = \begin{bmatrix} \sigma_x & \sigma_y & \sigma_z & \tau_{yz} & \tau_{xz} & \tau_{xy} \end{bmatrix}^{\mathrm{T}} \tag{6.5}$$

$$\boldsymbol{f} = \begin{bmatrix} f_x & f_y & f_z \end{bmatrix}^{\mathrm{T}} \tag{6.6}$$

$$L(\nabla) = \begin{bmatrix} \dfrac{\partial}{\partial x} & 0 & 0 & 0 & \dfrac{\partial}{\partial z} & \dfrac{\partial}{\partial y} \\[2mm] 0 & \dfrac{\partial}{\partial y} & 0 & \dfrac{\partial}{\partial z} & 0 & \dfrac{\partial}{\partial x} \\[2mm] 0 & 0 & \dfrac{\partial}{\partial z} & \dfrac{\partial}{\partial y} & \dfrac{\partial}{\partial x} & 0 \end{bmatrix} \tag{6.7}$$

$$\boldsymbol{D} = \begin{bmatrix} 1 & \dfrac{\mu}{1-\mu} & \dfrac{\mu}{1-\mu} & 0 & 0 & 0 \\[2mm] \dfrac{\mu}{1-\mu} & 1 & \dfrac{\mu}{1-\mu} & 0 & 0 & 0 \\[2mm] \dfrac{\mu}{1-\mu} & \dfrac{\mu}{1-\mu} & 1 & 0 & 0 & 0 \\[2mm] 0 & 0 & 0 & \dfrac{1-2\mu}{2(1-\mu)} & 0 & 0 \\[2mm] 0 & 0 & 0 & 0 & \dfrac{1-2\mu}{2(1-\mu)} & 0 \\[2mm] 0 & 0 & 0 & 0 & 0 & \dfrac{1-2\mu}{2(1-\mu)} \end{bmatrix} \dfrac{E(1-\mu)}{(1+\mu)(1-2\mu)} \tag{6.8}$$

结合第 2 章，在不考虑体力的情况下，可得到三维问题的波动方程为

$$L(\nabla)\left[\boldsymbol{D}\boldsymbol{L}^{\mathrm{T}}(\nabla)\boldsymbol{u}\right] = \rho\frac{\partial^2 \boldsymbol{u}}{\partial t^2} \tag{6.9}$$

6.2　三维实体谱单元

在全局坐标系下任意形状的三维实体谱单元可以通过在局部坐标系下的标准单元进行坐标映射得到。在标准域内，每个主方向内插节点的坐标由式(6.10)确定：

$$(1-\xi^2)P_n'(\xi) = 0$$
$$(1-\eta^2)P_n'(\eta) = 0 \tag{6.10}$$
$$(1-\gamma^2)P_n'(\gamma) = 0$$

式中，$P_n'(\xi)$、$P_n'(\eta)$ 和 $P_n'(\gamma)$ 分别为局部坐标系下三个主方向的 n 阶 Legendre 多项式的一阶导数。根据式(6.10)，可以确定单元内所有节点的坐标。

6.2.1　位移函数

在单元内部各点的位移可以通过节点位移与形状函数插值得到，即

$$\begin{bmatrix} u \\ v \\ w \end{bmatrix} = \begin{bmatrix} \varphi_1 & 0 & 0 & \cdots & \varphi_n & 0 & 0 \\ 0 & \varphi_1 & 0 & \cdots & 0 & \varphi_n & 0 \\ 0 & 0 & \varphi_1 & \cdots & 0 & 0 & \varphi_n \end{bmatrix} \begin{bmatrix} u_1 \\ v_1 \\ w_1 \\ \vdots \\ u_n \\ v_n \\ w_n \end{bmatrix} = \boldsymbol{N}\boldsymbol{q} \tag{6.11}$$

式中，$\boldsymbol{N}$ 为单元的形状函数；$\boldsymbol{q}$ 为单元内节点位移向量。

6.2.2　单元矩阵

结合位移场公式(6.11)与几何方程(6.2)，单元内应变场可以表示为

$$\boldsymbol{\varepsilon} = \boldsymbol{B}\boldsymbol{q} \tag{6.12}$$

式中，$\boldsymbol{B} = \begin{bmatrix} \boldsymbol{B}_1 & \boldsymbol{B}_2 & \cdots & \boldsymbol{B}_k & \cdots & \boldsymbol{B}_m \end{bmatrix}$ 称为几何矩阵，每个子矩阵 $\boldsymbol{B}_k$ 为

$$\boldsymbol{B}_k = \begin{bmatrix} \dfrac{\partial N_k}{\partial x} & 0 & 0 \\ 0 & \dfrac{\partial N_k}{\partial y} & 0 \\ 0 & 0 & \dfrac{\partial N_k}{\partial z} \\ 0 & \dfrac{\partial N_k}{\partial z} & \dfrac{\partial N_k}{\partial y} \\ \dfrac{\partial N_k}{\partial z} & 0 & \dfrac{\partial N_k}{\partial x} \\ \dfrac{\partial N_k}{\partial y} & \dfrac{\partial N_k}{\partial x} & 0 \end{bmatrix} \tag{6.13}$$

再结合物理方程，可知

$$\boldsymbol{\sigma} = \boldsymbol{D}\boldsymbol{B}\boldsymbol{q} \tag{6.14}$$

根据 Hamilton 原理可知，三维实体谱单元的质量矩阵和刚度矩阵可表示为

$$\boldsymbol{M}^e = \sum_{i=1}^{n}\omega_i \sum_{j=1}^{n}\omega_j \sum_{k=1}^{n}\omega_k \rho \boldsymbol{N}^{\mathrm{T}}(\xi_i,\eta_j,\lambda_k)\boldsymbol{N}(\xi_i,\eta_j,\lambda_k)\det(\boldsymbol{J}^e) \tag{6.15}$$

$$K^e = \sum_{i=1}^{n} \omega_i \sum_{j=1}^{n} \omega_j \sum_{k=1}^{n} \omega_k B^{\mathrm{T}}(\xi_i, \eta_j, \lambda_k) DB(\xi_i, \eta_j, \lambda_k) \det(J^e) \tag{6.16}$$

式中，积分权重系数 ω_i、ω_j、ω_k 与二维情况时的积分权重系数相同。积分权重系数大于 0，单元质量矩阵为对角线形式。

6.3　考虑压电耦合的三维实体谱单元

一般地，在压电-结构耦合问题中，有如下假设：压电元件一般是由弹性的、均匀的材料制成的；压电元件工作在等温环境下；压电单元电势场的插值函数与位移场插值函数保持一致；谱单元的网格划分应完全覆盖压电结构；压电元件的主轴平行于材料的极化方向。

在耦合场中，压电单元的平衡方程除了式(6.1)外，还有电学平衡方程，即

$$L(\nabla)C + \rho_e = 0 \tag{6.17}$$

考虑压电耦合的物理矩阵，即

$$\sigma = D\varepsilon - e^{\mathrm{T}} E \tag{6.18}$$

$$C = e\varepsilon + gE \tag{6.19}$$

式中，C 为电位移矩阵；ρ_e 为自由电荷密度；e、g、E 分别为耦合系数、介电常数和电场强度。在电场内，电场强度与电势的关系为

$$E = -B_\varphi \phi \tag{6.20}$$

式中，下标 φ 表示电场的物理量；ϕ 表示电势场。B_φ 定义为

$$B_\varphi = \begin{bmatrix} \dfrac{\partial}{\partial x} \\[2mm] \dfrac{\partial}{\partial y} \\[2mm] \dfrac{\partial}{\partial z} \end{bmatrix} N(\xi_i, \eta_j, \lambda_k) \tag{6.21}$$

根据 Hamilton 原理，同 6.2 节类似，忽略结构中的阻尼，可建立考虑压电耦合的系统控制方程为

$$M^e\ddot{q}^e + K^e_{uu}q^e - K^e_{u\varphi}\phi^e = f^e \tag{6.22}$$

$$K^e_{\varphi u}q^e + K^e_{\varphi\varphi}\phi^e = Q \tag{6.23}$$

式中，M^e 和 K^e_{uu} 分别表示质量矩阵和力学场的刚度矩阵，其定义与 6.2 节相同。其他单元矩阵定义为

$$K^e_{\varphi\varphi} = \sum_{i=1}^{n}\omega_i\sum_{j-1}^{n}\omega_j\sum_{k=1}^{n}\omega_k B^{\mathrm{T}}_{\varphi}(\xi_i,\eta_j,\lambda_k)gB_{\varphi}(\xi_i,\eta_j,\lambda_k)\det(J^e) \tag{6.24}$$

$$K^e_{u\varphi} == \sum_{i=1}^{n}\omega_i\sum_{j=1}^{n}\omega_j\sum_{k=1}^{n}\omega_k B^{\mathrm{T}}_{u}(\xi_i,\eta_j,\lambda_k)e^{\mathrm{T}}B_{\varphi}(\xi_i,\eta_j,\lambda_k)\det(J^e) \tag{6.25}$$

$$K^e_{\varphi u} = (K^e_{u\varphi})^{\mathrm{T}} \tag{6.26}$$

对于典型压电材料，K^e_{uu} 数量级约为 10^8，而 $K^e_{\varphi\varphi}$ 数量级约为 10^{-11}。由式 (6.22) 和式 (6.23) 可知，若直接求解系统的控制方程，会由于 $K^e_{\varphi\varphi}$ 太小而导致与其有关的项在计算过程中被湮没，这会引起计算上不可忽略的误差。为克服这种缺点，这里引入静力凝聚法[1]，把与 $K_{\varphi\varphi}$ 有关的项凝聚掉，以位移场向量的形式表示。因此，系统的运动方程可以改写为

$$M\ddot{q} + (K_{uu} + K_I)q = f + f_A \tag{6.27}$$

$$K_I = (K_{\varphi u})^{\mathrm{T}}K^{-1}_{\varphi\varphi}K_{\varphi u} \tag{6.28}$$

式中，K_I 和 f_A 分别表示由压电耦合引起的诱导刚度矩阵和等效节点力向量。在 K_I 诱导刚度矩阵的计算中，$K_{\varphi\varphi}$ 矩阵由定义可知为非正定矩阵。K_I 矩阵的计算与压电材料的电学边界条件相关。

(1) 当压电元件作为传感器处于电学闭路时，压电元件上下表面接地，电势为 0，元件内不含有自由电子。可知，式 (6.23) 在电学闭路条件下可写为

$$\begin{bmatrix} K^{00}_{\varphi u} & K^{0i}_{\varphi u} & K^{0n}_{\varphi u} \\ K^{i0}_{\varphi u} & K^{ii}_{\varphi u} & K^{in}_{\varphi u} \\ K^{n0}_{\varphi u} & K^{ni}_{\varphi u} & K^{nn}_{\varphi u} \end{bmatrix}\begin{bmatrix} q^0 \\ q^i \\ q^n \end{bmatrix} + \begin{bmatrix} K^{00}_{\varphi\varphi} & K^{0i}_{\varphi\varphi} & K^{0n}_{\varphi\varphi} \\ K^{i0}_{\varphi\varphi} & K^{ii}_{\varphi\varphi} & K^{in}_{\varphi\varphi} \\ K^{n0}_{\varphi\varphi} & K^{ni}_{\varphi\varphi} & K^{nn}_{\varphi\varphi} \end{bmatrix}\begin{bmatrix} 0 \\ \phi^i \\ 0 \end{bmatrix} = \begin{bmatrix} Q^0 \\ 0 \\ Q^n \end{bmatrix} \tag{6.29}$$

式中，各矩阵上标中，0 表示压电元件下表面；i 表示压电元件中间层；n 表示压电元件上表面。那么，压电结构中未知电势可以表示为

$$\phi^i = -\left[\boldsymbol{K}_{\varphi\varphi}^{ii} \right]^{-1} \left[\boldsymbol{K}_{\varphi u}^{i0} \quad \boldsymbol{K}_{\varphi u}^{ii} \quad \boldsymbol{K}_{\varphi u}^{in} \right] \begin{bmatrix} q^0 \\ q^i \\ q^n \end{bmatrix} \tag{6.30}$$

诱导刚度矩阵 $\boldsymbol{K}_I$ 可表示为

$$\boldsymbol{K}_I = \begin{bmatrix} \boldsymbol{K}_{\varphi u}^{i0} \\ \boldsymbol{K}_{\varphi u}^{ii} \\ \boldsymbol{K}_{\varphi u}^{in} \end{bmatrix} \left[\boldsymbol{K}_{\varphi\varphi}^{ii} \right]^{-1} \left[\boldsymbol{K}_{\varphi u}^{i0} \quad \boldsymbol{K}_{\varphi u}^{ii} \quad \boldsymbol{K}_{\varphi u}^{in} \right] \tag{6.31}$$

(2) 当压电元件作为传感器处于电学开路时,压电元件下表面接地,电势为 0,可知此时式(6.23)可写为

$$\begin{bmatrix} \boldsymbol{K}_{\varphi u}^{00} & \boldsymbol{K}_{\varphi u}^{0i} & \boldsymbol{K}_{\varphi u}^{0n} \\ \boldsymbol{K}_{\varphi u}^{i0} & \boldsymbol{K}_{\varphi u}^{ii} & \boldsymbol{K}_{\varphi u}^{in} \\ \boldsymbol{K}_{\varphi u}^{n0} & \boldsymbol{K}_{\varphi u}^{ni} & \boldsymbol{K}_{\varphi u}^{nn} \end{bmatrix} \begin{bmatrix} q^0 \\ q^i \\ q^n \end{bmatrix} + \begin{bmatrix} \boldsymbol{K}_{\varphi\varphi}^{00} & \boldsymbol{K}_{\varphi\varphi}^{0i} & \boldsymbol{K}_{\varphi\varphi}^{0n} \\ \boldsymbol{K}_{\varphi\varphi}^{i0} & \boldsymbol{K}_{\varphi\varphi}^{ii} & \boldsymbol{K}_{\varphi\varphi}^{in} \\ \boldsymbol{K}_{\varphi\varphi}^{n0} & \boldsymbol{K}_{\varphi u}^{ni} & \boldsymbol{K}_{\varphi\varphi}^{nn} \end{bmatrix} \begin{bmatrix} 0 \\ \phi^i \\ \phi^n \end{bmatrix} = \begin{bmatrix} Q^0 \\ 0 \\ 0 \end{bmatrix} \tag{6.32}$$

压电结构中未知电势表示为

$$\begin{bmatrix} \phi^i \\ \phi^n \end{bmatrix} = -\begin{bmatrix} \boldsymbol{K}_{\varphi\varphi}^{ii} & \boldsymbol{K}_{\varphi\varphi}^{in} \\ \boldsymbol{K}_{\varphi\varphi}^{ni} & \boldsymbol{K}_{\varphi\varphi}^{nn} \end{bmatrix}^{-1} \begin{bmatrix} \boldsymbol{K}_{\varphi u}^{i0} & \boldsymbol{K}_{\varphi u}^{ii} & \boldsymbol{K}_{\varphi u}^{in} \\ \boldsymbol{K}_{\varphi u}^{n0} & \boldsymbol{K}_{\varphi u}^{ni} & \boldsymbol{K}_{\varphi u}^{nn} \end{bmatrix} \begin{bmatrix} q^0 \\ q^i \\ q^n \end{bmatrix} \tag{6.33}$$

此时,诱导刚度矩阵 $\boldsymbol{K}_I$ 可表示为

$$\boldsymbol{K}_I = \begin{bmatrix} \boldsymbol{K}_{\varphi u}^{i0} & \boldsymbol{K}_{\varphi u}^{n0} \\ \boldsymbol{K}_{\varphi u}^{ii} & \boldsymbol{K}_{\varphi u}^{ni} \\ \boldsymbol{K}_{\varphi u}^{in} & \boldsymbol{K}_{\varphi u}^{nn} \end{bmatrix} \begin{bmatrix} \boldsymbol{K}_{\varphi\varphi}^{ii} & \boldsymbol{K}_{\varphi\varphi}^{in} \\ \boldsymbol{K}_{\varphi\varphi}^{ni} & \boldsymbol{K}_{\varphi\varphi}^{nn} \end{bmatrix}^{-1} \begin{bmatrix} \boldsymbol{K}_{\varphi u}^{i0} & \boldsymbol{K}_{\varphi u}^{ii} & \boldsymbol{K}_{\varphi u}^{in} \\ \boldsymbol{K}_{\varphi u}^{n0} & \boldsymbol{K}_{\varphi u}^{ni} & \boldsymbol{K}_{\varphi u}^{nn} \end{bmatrix} \tag{6.34}$$

(3) 当压电元件作为驱动器时,压电元件下表面接地,上表面施加电压 V,式(6.23)可写为

$$\begin{bmatrix} \boldsymbol{K}_{\varphi u}^{00} & \boldsymbol{K}_{\varphi u}^{0i} & \boldsymbol{K}_{\varphi u}^{0n} \\ \boldsymbol{K}_{\varphi u}^{i0} & \boldsymbol{K}_{\varphi u}^{ii} & \boldsymbol{K}_{\varphi u}^{in} \\ \boldsymbol{K}_{\varphi u}^{n0} & \boldsymbol{K}_{\varphi u}^{ni} & \boldsymbol{K}_{\varphi u}^{nn} \end{bmatrix} \begin{bmatrix} q^0 \\ q^i \\ q^n \end{bmatrix} + \begin{bmatrix} \boldsymbol{K}_{\varphi\varphi}^{00} & \boldsymbol{K}_{\varphi\varphi}^{0i} & \boldsymbol{K}_{\varphi\varphi}^{0n} \\ \boldsymbol{K}_{\varphi\varphi}^{i0} & \boldsymbol{K}_{\varphi\varphi}^{ii} & \boldsymbol{K}_{\varphi\varphi}^{in} \\ \boldsymbol{K}_{\varphi\varphi}^{n0} & \boldsymbol{K}_{\varphi u}^{ni} & \boldsymbol{K}_{\varphi\varphi}^{nn} \end{bmatrix} \begin{bmatrix} 0 \\ \phi^i \\ V^n \end{bmatrix} = \begin{bmatrix} Q^0 \\ 0 \\ 0 \end{bmatrix} \tag{6.35}$$

未知电势可以表示为

$$\phi^i = -\left[K_{\varphi\varphi}^{ii} \right]^{-1} \left[K_{\varphi u}^{i0} \quad K_{\varphi u}^{ii} \quad K_{\varphi u}^{in} \right] \begin{bmatrix} q^0 \\ q^i \\ q^n \end{bmatrix} - \left[K_{\varphi\varphi}^{ii} \right]^{-1} \left[K_{\varphi\varphi}^{in} \right] \left[V^n \right] \tag{6.36}$$

诱导刚度矩阵可表示为

$$K_I = \begin{bmatrix} K_{\varphi u}^{i0} \\ K_{\varphi u}^{ii} \\ K_{\varphi u}^{in} \end{bmatrix} \left[K_{\varphi\varphi}^{ii} \right]^{-1} \left[K_{\varphi u}^{i0} \quad K_{\varphi u}^{ii} \quad K_{\varphi u}^{in} \right] \tag{6.37}$$

式中,由上表面电压引起的等效节点力可以表示为

$$f_A = K_{u\varphi}\phi \tag{6.38}$$

根据线性假设,忽略由形变引起压电单元上各节点的电势变化。因此,ϕ 矩阵各节点的电势可由上下表面电势场线性插值得来。这里定义

$$K^e = K_{uu} + K_I \tag{6.39}$$

$$F^e = f + f_A \tag{6.40}$$

式中,K^e 和 F^e 分别称为单元的广义刚度矩阵和广义力向量。通过组装各单元刚度矩阵,三维压电耦合结构系统控制方程可以表示为

$$M\ddot{q} + Kq = F \tag{6.41}$$

6.4 MATLAB 应用程序

为了更方便、直观地了解三维谱单元,这里给出了计算任意形状六面体三维实体谱单元和三维压电耦合谱单元的 MATLAB 程序。程序输入变量为单元节点的坐标 Coordinates_XY、材料属性 Material 和谱单元插值阶次 NGLL。输出为单元的质量矩阵 M_e 和刚度矩阵 K_e。

对于压电耦合单元,则额外输出了电刚度矩阵 K_p 及压电耦合矩阵 K_c。

6.4.1　三维实体谱单元

```
%..................................................................
%MATLAB codes for spectral element method.
%3D solid element.
function [M_e,K_e]=Solid_E (Coordinates_XY, Material, NGLL)

%output of mass and stiffness matrices of 3D solid spectral element.
%Coordinates_XY: The coordinates of element nodes in global system.
%Coordinates_XY=[x1 x2 x3 x4 x5 x6 x7 x8;
                 y1 y2 y3 y4 y5 y6 y7 y8;
                 z1 z2 z3 z4 z5 z6 z7 z8];
%Material: The properties of structural material.
%Material=[Elastic modulus, Passion's ratio, density].
%NGLL: the order of interpolation polynomial.
%Nota Bene:
%%node number of element is important.
%z-direction: from bottom to up layer.
%xy-direction:
%(n-1)*n+1 (n-1)*n+2 ... n*n
%... ... ...
%n+1 n+2 ... 2n
%1 2 3 ... n


%D:elastic material property matrix.
%B: strain-displacement matrix.
%Psi: shape function
%omegax/ omegay/ omegaz: integration weight factor in x, y and z direction,
respectively.

%%%%%%%%%%%%%%%%%%%%%%%%%%%%%%%%%%%%%%%%%%%%%
xx=zeros(NGLL,NGLL^2);
yy=zeros(NGLL,NGLL^2);
zz=zeros(NGLL,NGLL^2);
%
E=Material(1);
v=Material(2);
rou=Material(3);
Coordinates_XY=Coordinates_XY(:,[1 2 4 3 5 6 8 7]);
%Elastic material property matrix for 3D problem.
```

```
D=[...
        1         v/(1-v)     v/(1-v)           0                  0              0
      v/(1-v)       1         v/(1-v)           0                  0              0
      v/(1-v)     v/(1-v)       1               0                  0              0
        0           0           0        (1-2*v)/(1-v)/2           0              0
        0           0           0               0          (1-2*v)/(1-v)/2        0
        0           0           0               0                  0
(1-2*v)/(1-v)/2  ]*E*(1-v)/(1+v)/(1-2*v);

%initialization of matrices.
M_e=0;
K_e=0;
%initialization of Jacobian matrix.
J11=0;
J22=0;
J33=0;
%the order of interpolation degree in three main directions.
Nx=NGLL; Ny=NGLL; Nz=NGLL;
%configure the GLL nodes in local system.
[nodes_x,Px]=Legendre(Nx);
[nodes_y,Py]=Legendre(Ny);
[nodes_z,Pz]=Legendre(Nz);
%Lagrange interpolation.
L_x=Lagrange(nodes_x);
L_y=Lagrange(nodes_y);
L_z=Lagrange(nodes_z);
L_spe=Lagrange([-1 1]);

for iz=1:Nz
  omegaz=2/Nz/(Nz-1)/(polyval(Pz,nodes_z(iz)))^2;

for iy=1:Ny
  omegay=2/Ny/(Ny-1)/(polyval(Py,nodes_y(iy)))^2;

for ix=1:Nx
  omegax=2/Nx/(Nx-1)/(polyval(Px,nodes_x(ix)))^2;
  Psi=zeros(3,Ny*Nx*Nz*3);
  B =zeros(6,Ny*Nx*Nz*3);
Psi(:,((iz-1)*Nx*Ny+(iy-1)*Nx+ix)*3-2:((iz-1)*Nx*Ny+(iy-1)*Nx+ix)*3)=e
ye(3);
```

```
  pj=[-1 1];
   c=1;
 for jz=1:2
                Jz=polyval([(-1)^jz 1]/2,nodes_z(iz));
 for jy=1:2
                 Jy=polyval([(-1)^jy 1]/2,nodes_y(iy));
 for jx=1:2
                  Jx=polyval([(-1)^jx 1]/2,nodes_x(ix));
                J11(c)=pj(jx)/2*Jy*Jz;
                J22(c)=Jx*pj(jy)/2*Jz;
                J33(c)=Jx*Jy*pj(jz)/2;
                c=c+1;
 end
 end
 end


  J= [J11* Coordinates_XY(1,:)′ J11* Coordinates_XY(2,:)′ J11*
     Coordinates_XY(3,:)′;
     J22* Coordinates_XY(1,:)′ J22* Coordinates_XY(2,:)′ J22*
       Coordinates_XY(3,:)′;
    J33* Coordinates_XY(1,:)′ J33* Coordinates_XY(2,:)′ J33*
       Coordinates_XY(3,:)′];
%***********************************************************
for jz=1:Nz
for jy=1:Ny
for jx=1:Nx
if jy==iy&&jz==iz
                da=polyval(polyder(L_x(jx,:)),nodes_x(ix));
else
                da=0;
end

if jx==ix&&jz==iz
                db=polyval(polyder(L_y(jy,:)),nodes_y(iy));
else
                db=0;
end

if jx==ix&&jy==iy
                dc=polyval(polyder(L_z(jz,:)),nodes_z(iz));
else
                dc=0;
```

```
end

                pn=J\[da;db;dc];

                da1=pn(1);
                db1=pn(2);
                dc1=pn(3);


B(:,((jz-1)*Nx*Ny+(jy-1)*Nx+jx)*3-2:((jz-1)*Nx*Ny+(jy-1)*Nx+jx)*3)=[...
                da1  0   0;
                 0  db1  0;
                 0   0  dc1;
                db1 da1  0;
                 0  dc1 db1;
                dc1  0  da1];
end
end
end
    M_e=omegax*omegay*omegaz*(Psi)´*Psi*det(J)*rou+M_e;
    K_e=omegax*omegay*omegaz*B´*D*B*det(J)+K_e;
end
end
end
M_e=reshape(diag(M_e),3*Nx,Nz*Ny);
```

6.4.2　三维压电实体谱单元

```
%MATLAB codes for spectral element method.
%3D piezoelectric element.
function [M_e,K_e,K_p,K_c]=Piezo_E(Coordinates_XY,NGLL)


%%%%%%%%%%%%%%%%%%%%%%%%%%%%%%%%%%%%%%%%%%%%%%%%%%%%
%output of element matrices of 3D piezoelectric spectral element.
%Coordinates_XY: The coordinates of element nodes in global system.
%Coordinates_XY=[x1 x2 x3 x4 x5 x6 x7 x8;
                 y1 y2 y3 y4 y5 y6 y7 y8;
                 z1 z2 z3 z4 z5 z6 z7 z8];
%in this part, the material of piezoelectric device is orthotropic.
%the material properties are given by engineering constant.
%NGLL: the order of interpolation polynomial.
```

```
%D:elastic material property matrix.
%B: strain-displacement matrix.
%Psi: shape function.
%DC: dielectric constants matrix.
%ES: piezoelectric coupling constants matrix.
%Nota Bene:
%%node number of element is important.
%z-direction: from bottom to up layer.
%xy-direction:
%(n-1)*n+1 (n-1)*n+2 ... n*n
%... ... ...
%n+1 n+2 ... 2n
%1 2 3 ... n
%M_e: element mass matrix; K_e: element stiffness matrix; K_p: element
dielectric stiffness matrix.
%K_c: element piezoelectric coupling matrix.
%omegax/omegay/omegaz: integration weight factor in x, y and z direction,
respectively.
%%%%%%%%%%%%%%%%%%%%%%%%%%%%%%%%%%%%%%%%%%%%%%%%%
%engineering constant of MFC material
c11=3.94e10;
c12=1.29e10;
c13=0.83e10;
c33=3.25e10;
c66=1.31e10;
c44=0.55e10;
c22=2.03e10;
c23=0.53e10;
c55=0.55e10;
e31=13.62;
e33=-4.1;
e32=0.55;
e24=-17.03;
e15=-17.03;
%the dielectric constant
ke=8.85419e-12;
l11=141.2*ke;
l22=141.2*ke;
l33=141.2*ke;
%mass density
rou=7000;
```

```
D=[...
    c11    c12    c13    0        0        0
    c12    c22    c23    0        0        0
    c13    c23    c33    0        0        0
    0      0      0      c66      0        0
    0      0      0      0        c44      0
    0      0      0      0        0        c55];
ES=[0 0 e31;0 0 e32;0 0 e33; 0 0 0;0 e24 0;e15 0 0]´;
DC=[111 0 0;0 122 0;0 0 133];
Coordinates_XY=Coordinates_XY(:,[1 2 4 3 5 6 8 7]);


%initialization of matrices
M_e=0;
K_e=0;
K_p=0;
K_c=0;
%initialization of Jacobian matrix
J11=0;
J22=0;
J33=0;
%the order of interpolation degree in three main directions
Nx=NGLL; Ny=NGLL; Nz=NGLL;
%configure the GLL nodes in local system
[nodes_x,Px]=Legendre(Nx);
[nodes_y,Py]=Legendre(Ny);
[nodes_z,Pz]=Legendre(Nz);
%Lagrange interpolation
L_x=Lagrange(nodes_x);
L_y=Lagrange(nodes_y);
L_z=Lagrange(nodes_z);
L_spe=Lagrange([-1 1]);
for iz=1:Nz

  omegaz=2/Nz/(Nz-1)/(polyval(Pz,nodes_z(iz)))^2;


for iy=1:Ny

  omegay=2/Ny/(Ny-1)/(polyval(Py,nodes_y(iy)))^2;


for ix=1:Nx

  omegax=2/Nx/(Nx-1)/(polyval(Px,nodes_x(ix)))^2;
```

```
 Psi=zeros(3,Ny*Nx*Nz*3);
 B =zeros(6,Ny*Nx*Nz*3);
 Bq=zeros(3,Ny*Nx*Nz);
Psi(:,((iz-1)*Nx*Ny+(iy-1)*Nx+ix)*3-2:((iz-1)*Nx*Ny+(iy-1)*Nx+ix)*3)=e
ye(3);

 pj=[-1 1];
  c=1;
for jz=1:2
     Jz=polyval([(-1)^jz 1]/2,nodes_z(iz));
for jy=1:2
      Jy=polyval([(-1)^jy 1]/2,nodes_y(iy));
for jx=1:2
       Jx=polyval([(-1)^jx 1]/2,nodes_x(ix));
    J11(c)=pj(jx)/2*Jy*Jz;
    J22(c)=Jx*pj(jy)/2*Jz;
    J33(c)=Jx*Jy*pj(jz)/2;
    c=c+1;
end
end
end

 J= [J11* Coordinates_XY(1,:)´ J11* Coordinates_XY(2,:)´ J11*...
 Coordinates_XY(3,:)´;
  J22* Coordinates_XY(1,:)´ J22* Coordinates_XY(2,:)´ J22*...
Coordinates_XY(3,:)´;
  J33* Coordinates_XY(1,:)´ J33* Coordinates_XY(2,:)´ J33*...
Coordinates_XY(3,:)´];

for jz=1:Nz
for jy=1:Ny
for jx=1:Nx
if jy==iy&&jz==iz
     da=polyval(polyder(L_x(jx,:)),nodes_x(ix));
else
     da=0;
end

if jx==ix&&jz==iz
     db=polyval(polyder(L_y(jy,:)),nodes_y(iy));
else
     db=0;
```

```
end

if jx==ix&&jy==iy
        dc=polyval(polyder(L_z(jz,:)),nodes_z(iz));
else
        dc=0;
end

    pn=J\[da;db;dc];

    da1=pn(1);
    db1=pn(2);
    dc1=pn(3);


B(:,((jz-1)*Nx*Ny+(jy-1)*Nx+jx)*3-2:((jz-1)*Nx*Ny+(jy-1)*Nx+jx)*3)=[..
.
                        da1  0   0;
                         0   db1 0;
                         0   0   dc1;
                        db1 da1  0
                         0   dc1 db1;
                        dc1  0   da1];
    Bq(:,((jz-1)*Nx*Ny+(jy-1)*Nx+jx))=[...
                        da1;
                        db1;
                        dc1;];
end
end
end
M_e=omegax*omegay*omegaz*(Psi)´*Psi*det(J)*rou+M_e;
K_e=omegax*omegay*omegaz*B´*D*B*det(J)+K_e;
K_p=omegax*omegay*omegaz*Bq´*DC*Bq*det(J)+K_p;
K_c=-omegax*omegay*omegaz*B´*ES´*Bq*det(J)+K_c;
end
end
end
M_e=reshape(diag(M_e),3*Nx,Nz*Ny);
```

　　压电元件在结构健康监测中最常用作驱动器或开路传感器。因此，以下给出了这两种情况的静力凝聚程序。

```
%MATLAB codes for spectral element method.
%Guyan condensation for actuator.
function [KI] = Guyanact(K_c,K_p,NGLL)
%output of equivalent stiffness matrix.
%KI: equivalent stiffness.
%K_c: element piezoelectric coupling matrix.
%K_p: element dielectric stiffness matrix.
```

$$\%K3 = \begin{bmatrix} K_{\varphi u}^{i0} & K_{\varphi u}^{ii} & K_{\varphi u}^{in} \end{bmatrix}$$
$$\%K4 = \begin{bmatrix} K_{\varphi \varphi}^{ii} \end{bmatrix}^{-1}$$

```
Kc=K_c´;
K3=Kc((NGLL^2+1):((NGLL-1)*(NGLL^2)),:);
K4=K_p((NGLL^2+1):((NGLL-1)*(NGLL^2)),(NGLL^2+1):((NGLL-1)*(NGLL^2)));
K4v=inv(K4);
KI=K3´*K4v*K3;
end
```

```
%MATLAB codes for spectral element method.
%Guyan condensation for sensor.
function [ KI ,K_f ] = Guyansen( K_c,K_p,NGLL )
%ourput of equivalent stiffness matrix.
%KI: equivalent stiffness.
%K_c: element piezoelectric coupling matrix.
%K_p: element dielectric stiffness matrix.
%K_f is used to calculate the recording waves and electric field potential.
```

$$\% K1 = \begin{bmatrix} K_{\varphi u}^{i0} & K_{\varphi u}^{n0} \\ K_{\varphi u}^{ii} & K_{\varphi u}^{ni} \\ K_{\varphi u}^{in} & K_{\varphi u}^{nn} \end{bmatrix}$$

$$\% K2 = \begin{bmatrix} K_{\varphi \varphi}^{ii} & K_{\varphi \varphi}^{in} \\ K_{\varphi \varphi}^{ni} & K_{\varphi \varphi}^{nn} \end{bmatrix}$$

```
Kc=K_c´;
K1=Kc((NGLL^2+1):end,:);
K2=K_p((NGLL^2+1):end,(NGLL^2+1):end);
K2v=inv(K2);
KI=K1´*K2v*K1;
K_f=-1*K2v*K1;
end
```

6.5　应用算例

算例 6.1　如图 6.2 所示，有一铝制金属长梁结构。其长 1m，宽 12mm，厚 6mm。结构材料的杨氏模量 $E = 70\text{GPa}$，泊松比 $\nu = 0.3$，密度 $\rho = 2700\text{kg/m}^3$。在梁的左端面施加一沿 x 轴正向的水平位移激励。激励的峰值为 0.01m，波形为中心频率 25kHz 的经汉宁窗调制的 5 周期正弦波。结构为自由-自由状态。求解总时间为 500μs 内加载左端面的平均位移响应。

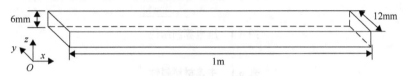

图 6.2　铝制金属长梁结构

经过收敛性分析，谱单元将结构离散为 240 个单元，单元内三个方向的插节点数为 $4 \times 4 \times 4$，积分时间步长选择 0.1μs 时结果收敛。时域谱单元方法与经典有限元法进行对比，其结果如图 6.3 所示。

由图 6.3 可知，两种结果吻合地较好，验证了谱单元的有效性。相较于时域谱单元 240 单元的计算规模，采用经典有限元法求解时，需将结构离散为 9000 个单元，才能得到收敛的结果，这也说明了所建立谱单元的高效性。

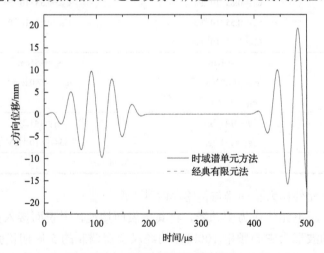

图 6.3　两种方法的结果对比

算例 6.2　有一个贴有压电片的薄板结构，其几何尺寸如图 6.4 所示。薄板为铝制品，压电片采用 MFC，长 25mm，宽 10mm，厚 0.3mm。各材料属性如表 6.1 和表 6.2 所示。

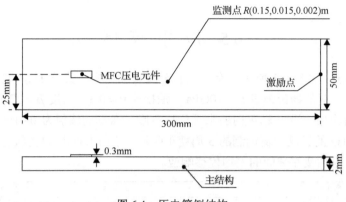

图 6.4　压电算例结构

表 6.1　主体材料属性

薄板结构	E	μ	ρ
取值	70GPa	0.3	2700kg/m³

表 6.2　压电材料属性

压电材料	取值	
C	$C_{11}=3.94\times10^{10}$Pa	$C_{22}=2.03\times10^{10}$Pa
	$C_{33}=3.25\times10^{10}$Pa	$C_{12}=1.29\times10^{10}$Pa
	$C_{13}=0.83\times10^{10}$Pa	$C_{23}=0.53\times10^{10}$Pa
	$C_{44}=0.55\times10^{10}$Pa	$C_{55}=0.55\times10^{10}$Pa
	$C_{66}=1.31\times10^{10}$Pa	
e	$e_{33}=-4.1$cm^{-2}	$e_{32}=0.55$cm^{-2}
	$e_{24}=-17.03$cm^{-2}	$e_{15}=-17.03$cm^{-2}
	$e_{31}=13.62$cm^{-2}	
g	$g_{11}=141.2g_0$	$g_{22}=141.2g_0$
	$g_{33}=141.2g_0$	$g_0=8.85419\times10^{-12}$CV^{-1}m^{-1}
ρ	$\rho=7000$kg/m³	

　　针对压电元件作为驱动器与传感器两种工况分别分析。

　　工况一：压电元件作为驱动器，将其下表面接地，上表面接入如图 6.5 所示的电压，激励波形为中心频率 100kHz 的经汉宁窗调制的 5 周期正弦波。经过网格收敛性分析，采用谱单元将结构全局划分为 612 个单元，单元在三个主方向的内插节点数为 4×4×4，积分时间步长选取 0.01μs 时得到收敛结果。输出监测点 $R(0.15,0.015,0.002)$ m 处时间-位移历程曲线，并与经典有限元法对比，结果如图 6.6 所示。

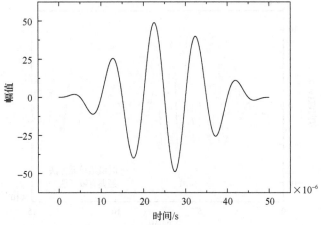

图 6.5　激励波形

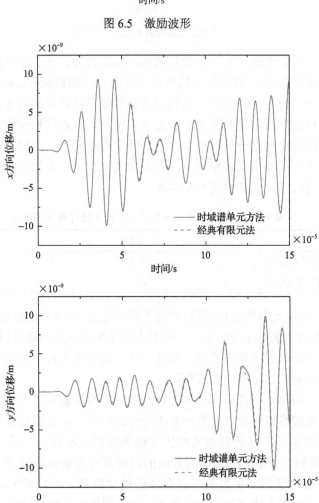

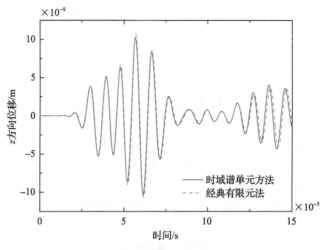

图 6.6　监测点 R 处位移响应

　　图 6.6 给出了监测点 R 处的位移响应。由图可知，在各个方向上，采用时域谱单元方法求得时间-位移历程曲线与经典有限元法的解能够较好吻合，验证了本章所建立单元的有效性。此外，在模拟高频导波在结构中的传播行为时，经典有限元法对网格密度有很高的要求。如表 6.3 所示，在相同精度的结果下，时域谱单元方法将结构全局划分的网格数远小于经典有限元法，两种方法对应的总自由度也相差较大。所以采用谱单元方法研究弹性波在结构中的传播规律时，能够大大缩短计算时间与降低必要的内存需求。

表 6.3　时域谱单元方法与经典有限元法计算规模比较

方法	单元数量	总自由度
时域谱单元方法	612	68529
经典有限元法	241200	910515

　　工况二：压电元件作为传感器，将其下表面接地，在薄板末端的中点 (0.3, 0.025, 0.002) m 施加垂直冲击载荷，激励波形仍如图 6.5 所示的 100kHz 调制正弦波。网格划分与积分步长的选择与工况一保持一致。输出压电片上表面平均电势，并与经典有限元法对比，结果如图 6.7 所示。

　　由图 6.7 可知，当压电元件作为传感器时，时域谱单元方法的解与经典有限元法的解能够较好地吻合。但两种方法所得结果在 A0 模式处存在微小的相位偏差，且时域谱单元方法的解波速略快于经典有限元法解。这是由于在求解高频响应的 A0 波时，有限元法对厚度方向的网格尺寸有更高的要求，即在每个波长内，经典有限元法需要更多的节点数才能使结果趋近于精确解，而时域谱单元方法可以较少的节点快速收敛于精确解。这一现象在文献[6]中也有所提及，根据

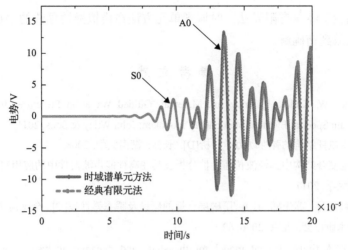

图 6.7　压电片上表面平均电势

Richardson 外插公式与有限元理论方法，在每个 A0 波长内，有限元法需至少 80 个节点才能近似于精确解，但时域谱单元方法仅需 10 个节点即可收敛于精确解。

　　综上所述，通过与经典有限元法的对比可知，本章所建立的时域谱单元方法能够有效地模拟压电元件在单独作动和单独传感两类功能下的力学行为。通过对比两种方法的计算规模，时域谱单元方法能够降低内存需求，提高运算速度。相较于经典有限元法，时域谱单元方法在模拟弹性导波的 A0 模式时，能够快速收敛到精确解。

6.6　本 章 小 结

　　本章基于特殊的正交多项式 Legendre 多项式给出了一种适用范围广、求解效率高的三维实体谱单元。在单元中，非均匀分布的高阶内插值节点有效地抑制了龙格效应带来的误差，从而实现了精确的高阶位移场插值。通过采用特殊的数值积分方法，大大降低了内存需求，并避免了矩阵的求逆运算。通过与经典有限元法对比，本章所建立的三维时域谱单元方法能够高效、准确地模拟弹性波在三维结构中的传播行为。

　　此外，针对压电元件在结构健康监测领域中广泛应用的背景，本章建立了一种三维实体压电耦合谱单元，分别研究了压电元件作为作动器与传感器两种不同工况下结构中的波传播行为。通过与经典有限元法结果的比较，说明了时域谱单元方法能够有效地模拟压电元件在单独作动和单独传感两类功能下的力学行为。通过对比两种方法的计算规模，时域谱单元方法能够大大降低计算规模，提高运算速度。相较于经典有限元法，时域谱单元方法在模拟弹性导波的 A0 模式时，能够快速收敛到精确解。

参 考 文 献

[1] Ostachowicz W, Kudela P, Krawczuk M, et al. Guided Waves in Structures for SHM: The Time-domain Spectral Element Method[M]. Hoboken: John Wiley & Sons, 2011.

[2] 邓庆田. 压电杆结构的弹性动力学分析[D]. 长沙: 湖南大学, 2008.

[3] 李鹏. 压电复合结构中弹性波传播特性分析及其在高性能声波器件中的应用研究[D]. 西安: 西安交通大学, 2017.

[4] 杜朝亮, 魏建萍, 苏先樾. 压电/压磁层合板的频谱及瞬态弹性波[C]. 全国压电和声波理论及器件技术研讨会, 北京, 2006: 62.

[5] Wang S Y. A finite element model for the static and dynamic analysis of a piezoelectric bimorph[J]. International Journal of Solids and Structures, 2004, 41(15): 4075-4096.

[6] Kim Y, Ha S, Chang F K. Time-domain spectral element method for built-in piezoelectric-actuator-induced Lamb wave propagation analysis[J]. AIAA Journal, 2012, 46(3): 591-600.

[7] 鱼则行, 徐超. 基于时域谱单元的三维压电耦合结构波传播分析[J]. 振动与冲击, 2018, 37(16): 140-146.

[8] Ippolito S J, Kalantar-Zadeh K, Powell D A, et al. A 3-dimensional finite element approach for simulating acoustic wave propagation in layered SAW devices[C]. 2003 IEEE Symposium on Ultrasonics, Honolulu, 2003: 303-306.

[9] Hofer M, Finger N, Kovacs G, et al. Finite-element simulation of wave propagation in periodic piezoelectric SAW structures[J]. IEEE Transactions on Ultrasonics, Ferroelectrics, and Frequency Control, 2006, 53(6): 1192-1201.

[10] Shen Y, Giurgiutiu V. Predictive modeling of nonlinear wave propagation for structural health monitoring with piezoelectric wafer active sensors[J]. Journal of Intelligent Material Systems and Structures, 2014, 25(4): 506-520.

第7章　杆梁结构中波传播分析的时域谱单元方法

在工程中，对一些构件如杆、梁等仅考虑其特征方向的波传播行为时，可利用相应的结构力学理论，结合时域谱单元方法，建立相应的结构体单元。

Kudela 等推导了一维谱杆单元和梁单元[1]，并将数值结果与有限元结果、实验结果比较，验证了时域谱单元方法的高效和高精度。在他们的研究中，通过附加质量及改变弹簧刚度等方法模拟结构损伤，研究了弹性波与损伤相互作用的机理。Żak 等详细讨论了采用一维谱杆单元模拟波传播的一些特性[2]，如节点分布、插值多项式阶次、质量矩阵对角化等因素对波传播行为模拟的影响，并认为这一结论可以推广到二维和三维问题。Yoon 等研究了弹性波在由碳纳米管制成的梁结构中的传播行为[3]。彭海阔等率先采用谱单元方法研究了弹性波在梁结构中的传播[4]，在他们的研究中，采用了分离节点的方法来模拟梁的损伤。这些工作一般基于材料力学或结构力学中所建立的杆和梁结构相关的理论。文献[5]还进行了对结构杆中纵波建模数值模型的实验验证。

本章分别针对弹性波沿杆方向传播的一维问题及考虑剪切变形的梁结构的波传播问题建立了相应的时域谱单元方法。

7.1　一维问题的基本方程

如图 7.1 所示，对某一杆件结构，对长度为 dx 的一段微元体进行受力分析。

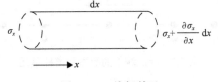

图 7.1　一维杆单元

由达朗贝尔原理可知，单元的平衡方程为

$$\frac{\partial \sigma_x}{\partial x} + f_x = \rho A \frac{\partial^2 u}{\partial t^2} \tag{7.1}$$

并且，在一维单元中，材料的本构方程可表示为

$$\sigma_x = EA\varepsilon_x \tag{7.2}$$

单元的几何方程为

$$\varepsilon_x = \frac{\partial u}{\partial x} \tag{7.3}$$

式中，f_x 为体力；σ_x 和 ε_x 分别为单元的应力和应变；E 和 ρ 为材料的杨氏模量和密度；A 为杆的横截面积；u 为单元的位移。

　　联立上述公式，得到单元的运动方程为[1]

$$E\frac{\partial^2 u}{\partial x^2} + f_x = \rho A \frac{\partial^2 u}{\partial t^2} \tag{7.4}$$

当不考虑体力时，式(7.4)表示一维波动方程。

7.2　一维谱杆单元

　　如图 7.2 所示，考虑在标准域 $\varLambda[-1,+1]$ 中有一等参数谱杆单元。单元内部的节点称为 GLL 点，在空间上非等间距分布，其坐标由式(7.5)确定：

$$(1-\xi^2)P_n'(\xi) = 0 \tag{7.5}$$

式中，$P_n'(\xi)$ 为 ξ 方向的 n 阶 Legendre 多项式的一阶导数。例如，当内插值节点数为 5 时，各节点在标准域下的坐标为[2]：$\xi_1 = -1$，$\xi_2 = -0.654653670707978$，$\xi_3 = 0$，$\xi_4 = 0.654653670707978$，$\xi_5 = 1$。

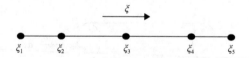

图 7.2　标准域下的等参数谱杆单元

　　根据所得各插值节点坐标进行拉格朗日插值，即可得到单元的位移场插值函数，即

$$\varphi_i(\xi_j) = \delta_{ij}, \quad i,j = 1,2,\cdots,n+1 \tag{7.6}$$

式中，δ_{ij} 为克罗内克函数；φ_i 为第 i 个节点对应的拉格朗日插值函数。例如，当内插值节点数为 5 时，在标准域下的插值函数如图 7.3 所示。

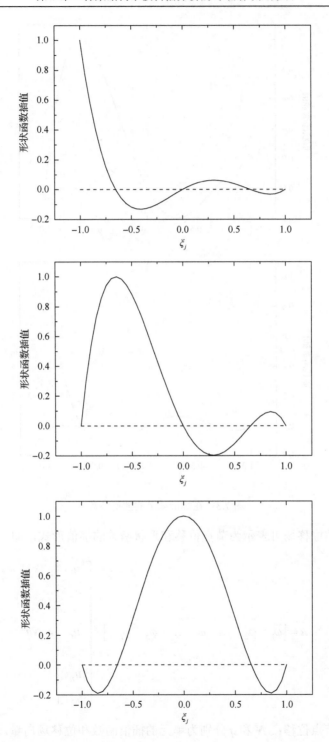

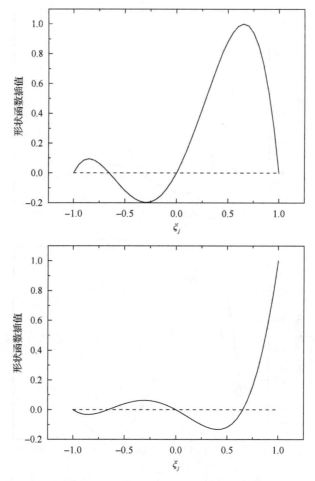

图 7.3　在标准域下的插值函数

单元中的位移场可表示为节点位移和形状函数的插值形式，即

$$\boldsymbol{u} = \begin{bmatrix} \varphi_1 & \varphi_2 & \cdots & \varphi_i & \cdots & \varphi_n & \varphi_{n+1} \end{bmatrix} \times \begin{bmatrix} u_1 \\ u_2 \\ \vdots \\ u_i \\ \vdots \\ u_n \\ u_{n+1} \end{bmatrix} = \boldsymbol{Nq} \tag{7.7}$$

式中，u_i 为节点位移；$\boldsymbol{N}$ 和 $\boldsymbol{q}$ 分别为单元的插值函数和位移场向量。

根据几何方程(7.3)，单元的应变可表示为

$$\varepsilon = Bq \tag{7.8}$$

式中，$B = \begin{bmatrix} B_1 & B_2 & \cdots & B_k & \cdots & B_m \end{bmatrix}$ 称为几何矩阵，每个子矩阵 $B_k = \dfrac{\partial}{\partial x} N$。

由物理方程可知，单元的应力可表示为

$$\sigma = EABq \tag{7.9}$$

根据 Hamilton 原理可知，一维谱杆单元的质量矩阵和刚度矩阵可表示为

$$M^e = \sum_{i=1}^{n} \omega_i \rho A N^{\mathrm{T}}(\xi_i) N(\xi_i) \det(J^e) \tag{7.10}$$

$$K^e = \sum_{i=1}^{n} \omega_i B^{\mathrm{T}}(\xi_i) D B(\xi_i) \det(J^e) \tag{7.11}$$

式中，J^e 表示坐标映射的雅可比矩阵，积分权重系数 ω_i 定义与前文相同，这里不再赘述。

对于平面桁架或者空间桁架中的波传播问题，可以在一维杆单元的基础上，通过坐标转换矩阵 T 求得单元的相关矩阵，从而解决弹性波在这类结构中的传播问题。

7.3　谱梁单元

为了更好地模拟弹性波在梁结构中的传播，本节结合 Mindlin-Herrmann 杆理论及 Timoshenko 梁理论建立了一种更适合波传播分析的谱梁单元[3]。单元内的位移场假设为

$$\bar{u}(x, y) = u(x) - \varphi(x)y \tag{7.12}$$

$$\bar{v}(x, y) = v(x) + \psi(x)y \tag{7.13}$$

式中，$u(x)$ 和 $v(x)$ 为沿 x 轴上纵向位移和横向位移；$\varphi(x)$ 为转角；$\psi(x)$ 为由泊松效应引起的横向收缩。可见，该单元每个节点共有 4 个自由度。

单元应变场可进一步表示为

$$\varepsilon = B_e q \tag{7.14}$$

式中，$q = \begin{bmatrix} u & \psi & v & \varphi \end{bmatrix}^{\mathrm{T}}$ 表示节点的位移向量；B_e 表示应变与位移的关系，有

$$B_e = \begin{bmatrix} \dfrac{\partial}{\partial x} & 0 & 0 & 0 \\ 0 & 1 & 0 & 0 \\ 0 & \dfrac{\partial}{\partial x} & 0 & 0 \\ 0 & 0 & \dfrac{\partial}{\partial x} & -1 \\ 0 & 0 & 0 & \dfrac{\partial}{\partial x} \end{bmatrix} \tag{7.15}$$

根据 Mindlin-Herrmann 杆理论和 Timoshenko 梁理论，单元的质量密度矩阵和物理矩阵可表示为

$$\boldsymbol{\rho}_e = \begin{bmatrix} \rho A & 0 & 0 & 0 \\ 0 & K_{2M}\rho I & 0 & 0 \\ 0 & 0 & \rho A & 0 \\ 0 & 0 & 0 & K_{2T}\rho I \end{bmatrix} \tag{7.16}$$

$$\boldsymbol{D} = \begin{bmatrix} \dfrac{EA}{1-\mu^2} & \dfrac{\mu EA}{1-\mu^2} & 0 & 0 & 0 \\ \dfrac{\mu EA}{1-\mu^2} & \dfrac{EA}{1-\mu^2} & 0 & 0 & 0 \\ 0 & 0 & K_{1M}GI & 0 & 0 \\ 0 & 0 & 0 & K_{1T}GA & 0 \\ 0 & 0 & 0 & 0 & EI \end{bmatrix} \tag{7.17}$$

式中，ρ、E、μ、A 和 I 分别表示材料的质量密度、杨氏模量、泊松比、梁的横截面积和惯性矩。矩阵中 $K_{1M}=1.1$，$K_{1T}=0.922$，$K_{2M}=3.1$，$K_{2T}=12K_{1T}/\pi^2$ 为通过实验测得的修正系数，用于更加精确地求解弹性波的传播行为[4]。

根据 Hamilton 原理，时域谱梁单元矩阵可以表示为

$$M^e = \sum_{i=1}^{n} \omega_i \boldsymbol{\rho}_e N^{\mathrm{T}}(\xi_i)N(\xi_i)\det(J^e) \tag{7.18}$$

$$K^e = \sum_{i=1}^{n} \omega_i B_e^{\mathrm{T}}(\xi_i)DB_e(\xi_i)\det(J^e) \tag{7.19}$$

式中，ω_i 和 J^e 分别表示 GLL 积分权重因子和与坐标映射有关的雅可比矩阵。这些参数的定义与特点和前文相同，不再赘述。

7.4　MATLAB 应用程序

7.4.1　一维谱杆单元

本节给出了计算一维谱杆单元相关矩阵的 MATLAB 程序。程序输入变量为单元节点的坐标 Coordinates_XY、材料属性 Material、谱单元插值阶次 NGLL 和杆单元的横截面积 A。输出为单元的质量矩阵 M_e 和刚度矩阵 K_e。读者也可根据实际需求，通过引入坐标转化矩阵 T 实现平面桁架及空间桁架的弹性波传播分析。

```
%............................................................
%MATLAB codes for spectral element method.
%1D rod/truss element.
function [K_e,M_e]=rod_E(Material, NGLL, A, Coordinates_XY)

%output of mass and stiffness matrices of spectral rod element.
%Coordinates_XY: The coordinates of element nodes in global system.
%Coordinates_XY=[x1 x2];
%Material: The properties of structural material.
%Material=[Elastic modulus, Passion's ratio, density].
%NGLL: the order of interpolation polynomial.
%A: cross section.
%D: elastic material property matrix.
%B: strain-displacement matrix.
%shape_fun: shape function.
%omegax: integration weight factor.
E=Material(1);
r=Material(2);

%Mass density matrix for 1D problem.
rou=r*A;
%Elastic material property matrix for 1D problem.
D=E*A;
%initialization of matrices
M_e=0;
K_e=0;
%initialization of Jacobian matrix
length_element= Coordinates_XY(2)-Coordinates_XY(1);
detJacobian=length_element/2;
invJacobian=1/detJacobian;

Nx=NGLL;
```

```
[nodes_x,Px]=Legendre(Nx);
L_x=Lagrange(nodes_x);
for ix=1:Nx
omegax=2/Nx/(Nx-1)/(polyval(Px,nodes_x(ix)))^2;
Psi=zeros(1,Nx*1);
B =zeros(1,Nx*1);
Psi(:,(ix-1)*1+1:ix*1)=1;
for jx=1:Nx
    da=polyval(polyder(L_x(jx,:)),nodes_x(ix));
    da1=da*invJacobian;
B(:,(jx-1)*1+1:jx*1)=[ da1];
end
M_e-M_e+ omegax *Psi´*rou*Psi*detJacobian;
K_e=K_e+ omegax *B´*D*B*detJacobian;
end
```

　　在得到标准域下杆单元的矩阵后，根据已知节点在全局坐标系下的坐标 Coordinates，可以通过坐标转化矩阵 T 计算平面杆单元或空间杆单元在全局坐标系中的相关矩阵。

```
function [M_e,K_e]=Transfun_3D(Coordinates,NGLL,K_e,M_e)
%output of mass and stiffness matrices in global coordinate system.

x1= Coordinates (1,1);
y1= Coordinates (1,2);
z1= Coordinates (1,3);
x2= Coordinates (2,1);
y2= Coordinates (2,2);
z2= Coordinates (2,3);
%calculate the length of the rod.
L=sqrt((x2-x1)*(x2-x1)+(y2-y1)*(y2-y1)+(z2-z1)*(z2-z1));

detJacobian=L/2;
invJacobian=1/detJacobian;

%calculate the angle between two system.
CXx=(x2-x1)/L;CYx=(y2-y1)/L;CZx=(z2-z1)/L;
```

```
cos=[CXx;CYx;CZx];
T=zeros(NGLL*3,NGLL);
for j=1:NGLL
T((j-1)*3+1:(j-1)*3+3,j)=cos;
end

M_e=Me*detJacobian;
K_e=T*(Ke*invJacobian)*T´;
```

7.4.2　一维谱梁单元

　　同样地，本节给出了计算任意形状的谱梁单元的 MATLAB 程序。程序输入变量为单元节点的坐标 Coordinates_XY、材料属性 Material、谱单元插值阶次 NGLL 和梁的横截面积 A。输出为单元的质量矩阵 M_e 和刚度矩阵 K_e。

```
%.................................................................
%MATLAB codes for spectral element method.
%1D beam element.
function [K_e,M_e]=Beam_E(Material,NGLL,A,Coordinates_XY)

%output of mass and stiffness matrices of spectral beam element.
%Coordinates_XY: The coordinates of element nodes in global system.
%Coordinates_XY=[x1 x2].
%Material: The properties of structural material.
%Material=[Elasticmodulus,Passion's ratio,density,the moment of inertia,
shear modules].
%NGLL: the order of interpolation polynomial.

%D: elastic material property matrix.
%B: strain-displacement matrix.
%Psi: shape function.
%omegax: integration weight factor.

E=Material(1);
v=Material(2);
r=Material(3);
I=Material(4);
G=Material(5);
K1m=1.1;K2m=3.1;K1t=0.922;
K2t=12*K1t/pi/pi;
```

```
%Mass density matrix for 1D Beam problem.
rou=[r*A 0 0 0;
  0 K2m*r*I 0 0;
  0 0 r*A 0;
  0 0 0 K2t*r*I];
%Elastic material property matrix for 1D Beam problem.
D=[E*A/(1-v^2) v*E*A/(1-v^2)    0        0      0;
v*E*A/(1-v^2) E*A/(1-v^2)       0        0      0;
     0             0         K1m*G*I     0      0;
     0             0            0     K1t*G*A   0;
     0             0            0        0     E*I];
%initialization of matrices.
M_e=0;
K_e=0;
%initialization of Jacobian matrix
length_element= Coordinates_XY(2)- Coordinates_XY(1);
detJacobian=length_element/2;
invJacobian=1/detJacobian;
Nx=NGLL;
%configure the GLL nodes in local system.
[nodes_x,Px]=Legendre(Nx);
%Lagrange interpolation.
L_x=Lagrange(nodes_x);
for ix=1:Nx
  omegax=2/Nx/(Nx-1)/(polyval(Px,nodes_x(ix)))^2;
  Psi=zeros(4,Nx*4);
  B =zeros(5,Nx*4);
  Psi(:,(ix-1)*4+1:ix*4)=[...
            1 0 0 0;
            0 1 0 0;
            0 0 1 0;
            0 0 0 1];
for jx=1:Nx
    da=polyval(polyder(L_x(jx,:)),nodes_x(ix));
    da1=da*invJacobian;
if ix==jx
    db1=1;
else
    db1=0;
end
    B(:,(jx-1)*4+1:jx*4)=[...
                da1 0  0 0;
                 0  1  0 0;
                 0 da1 0 0;
```

```
                0  0  da1  -1;
                0  0   0   da1];
end

  M_e=omegax*Psi´*rou*Psi*detJacobian+M_e;
    K_e=omegax*B´*D*B*detJacobian+K_e;
    end
end
```

7.5　应 用 算 例

算例 7.1　如图 7.4 所示，现有一均质铝杆，该杆横截面宽 0.01m，高 0.001m，杨氏模量为 70GPa，质量密度为 2700kg/m³，杆长 $L = 2m$，结构边界为自由-自由状态。激励信号为中心频率为 100kHz 的经汉宁窗调制的 3 周期正弦波，其时域及频率信号如图 7.5 和图 7.6 所示，并输出铝杆中央的速度时域历程曲线作为监测响应。

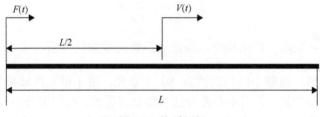

图 7.4　均质铝杆

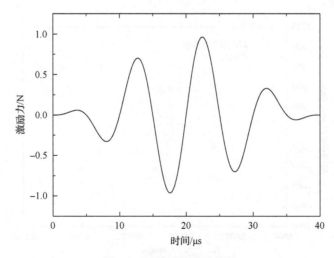

图 7.5　时域下的激励信号

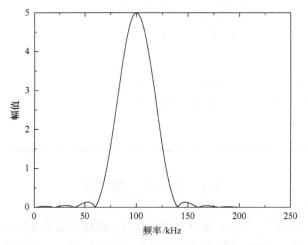

图 7.6　频域下的激励信号

由文献[2]可知，弹性波在一端加载的均质杆中传播过程具有解析解。在无阻尼结构中，质点的速度和加载力关系为

$$\dot{u} = \frac{c_0}{E}\sigma = \frac{c_0}{EA}F \tag{7.20}$$

式中，$c_0 = \sqrt{\dfrac{E}{\rho}}$ 表示一维结构中纵波波速。经过收敛性分析，采用一维等参数谱杆单元进行求解，将整个结构离散为 80 个单元，每个单元内部插值节点数为 5 时即可得到收敛的解。采用中心差分法求解该问题时，时间积分步长设为 0.05μs。时域谱单元方法与解析法所得结果对比如图 7.7 所示。通过对比验证了所建立谱杆单元的有效性。

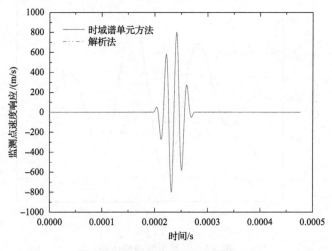

图 7.7　谱单元解与解析解结果对比

算例 7.2　如图 7.8 所示，有一长 1m 的平面铝制金属长梁结构，其截面为矩形截面，宽 $b = 12\text{mm}$，高 $h = 6\text{mm}$。结构材料的杨氏模量 $E = 70\text{GPa}$，泊松比 $v = 0.3$，质量密度 $\rho = 2700\text{kg} / \text{m}^3$。在梁的左端面施加一沿 y 轴正向的横向力激励，峰值为 1，波形为中心频率 25kHz 的经汉宁窗调制的 5 周期正弦波。结构边界为自由-自由状态。

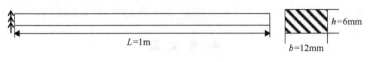

图 7.8　平面梁结构

选择梁的中心点为监测区域，输出其位移时间历程曲线作为响应。经过收敛性分析，采用时域谱单元方法将结构离散为 100 个谱梁单元，内插值阶次选为 3 时，即可得到收敛的解。同样地，通过商业有限元软件 Abaqus 求解该问题，以验证所建立单元的有效性。当采用 B21 单元将结构离散为 250 个单元时，即可得到收敛解。图 7.9 给出了两种结果的对比，由图可知，所建立的谱梁单元能够有效地求解弹性波在结构中的传播。此外，相较于平面线性梁单元，本节基于 Mindlin-Herrmann 杆理论及 Timoshenko 梁理论所建立的梁单元，除了轴向位移 u 和挠度 φ 之外，也能求解横向位移 v 和颈缩 ψ。

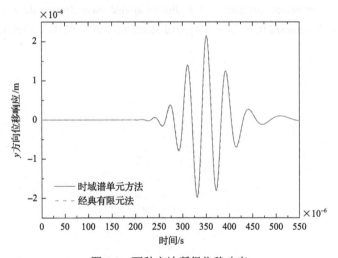

图 7.9　两种方法所得位移响应

7.6　本 章 小 结

本章针对工程中常见的杆结构与梁结构推导了相应的结构体单元。在时域谱杆单元中，给出了在标准域下一维方向谱单元插值的插值函数示意图，详细地推导了杆单元的质量矩阵及刚度矩阵，并通过引入坐标转换矩阵，将一维杆单元推广至平面和空间杆系单元。

为了更好地模拟弹性波在梁结构中的传播，本章结合了 Mindlin-Herrmann 杆理论及 Timoshenko 梁理论建立了一种更适合波传播分析的谱梁单元。除了考虑传统梁单元挠度及转角等自由度外，还额外考虑了颈缩效应对波传播的影响。通过与经典有限元法的对比，验证了本章所建立单元的有效性及高效性。

参 考 文 献

[1] Kudela P, Krawczuk M, Ostachowicz W. Wave propagation modelling in 1D structures using spectral finite elements[J]. Journal of Sound and Vibration, 2007, 300(1): 88-100.

[2] Żak A, Krawczuk M. Certain numerical issues of wave propagation modelling in rods by the spectral finite element method[J]. Finite Elements in Analysis and Design, 2011, 47(9): 1036-1046.

[3] Yoon J, Ru C Q, Mioduchowski A. Timoshenko-beam effects on transverse wave propagation in carbon nanotubes[J]. Composites Part B: Engineering, 2004, 35(2): 87-93.

[4] 彭海阔, 孟光. 基于谱元法的梁结构中 Lamb 波传播特性研究[J]. 噪声与振动控制, 2009, 29(6): 62-66.

[5] Rucka M. Experimental and numerical studies of guided wave damage detection in bars with structural discontinuities[J]. Archive of Applied Mechanics, 2010, 80(12): 1371-1390.

第8章 功能梯度结构中波传播分析的时域谱单元方法

8.1 功能梯度材料

功能梯度材料(functionally graded material, FGM)是指其力学性能随材料组分的体积在空间上连续变化的一种新型非均质工程材料。在自然界中,动物的牙齿、贝壳和竹子等都是典型的功能梯度材料。在 20 世纪 80 年代,这种材料才首次作为工程设计理念被日本科学家提出[1]。

在工程中,如航天飞行器发动机的燃烧室,结构一侧承受 2000℃的超高温,另一侧受到液氢冷却。传统材料已无法在如此极端的载荷环境下正常工作,而采用复合材料会由各组分间膨胀系数的差异引起相界面处的热应力问题,导致涂层脱落等现象。功能梯度材料凭借其材料连续变化的特性消除了明显的相界面,在此类应用中有极大的应用潜力[2]。图 8.1 分别给出了均匀材料、复合材料和功能梯度材料的弹性模量、质量密度、导热率和热膨胀系数等材料特性在某一方向变化的情况。功能梯度材料结构经常工作在冲击等环境下,易于产生裂纹等损伤。因此,研究弹性波在这种材料中的传播行为十分必要。

(a) 均匀材料　　　　(b) 复合材料　　　　(c) 功能梯度材料

图 8.1　不同材料的材料属性在空间的变化

不过,功能梯度材料性质的连续分布特性也为力学分析带来了较大的困难,部分传统的概念、理论和方法已不再适用。有部分学者采用解析方法研究了弹性波在功能梯度材料中传播。Sun 等根据高阶剪切变形理论研究了无限大的功能梯度材料板结构中弹性波的传播[3];Lefebvre 等根据 Legendre 多项式展开方法研究了弹性波在功能梯度板中的散射和能量流的问题[4];Nie 等结合了状态空间法和一维微分求积法研究了功能梯度圆环中的动力学响应[5];Bruck 建立了一维模型中应力波传播的解析方法[6];Nie 等研究了功能梯度扇形结构中的弹性波传播[7]。

有限元法也是求解这类问题的常用手段。Chakraborty 等基于一阶剪切变形理论推导了一种梁有限单元[8]，研究了弹性波在功能梯度梁中的传播。Shakeri 等研究了受冲击载荷的功能梯度空心圆柱体中弹性波的传播[9]，在他们的模型中，结构被划分为多层子结构，在每层子结构中材料属性为各向同性。Asgari 等推导了轴对称有限单元[10]，研究了弹性波在功能梯度材料薄壁空心圆柱结构中的传播行为。

这些方法虽然都能有效地模拟弹性波在功能梯度材料结构中的传播行为，但也有诸多不足。例如，解析法应用对象有限，无法求解复杂边界条件的问题；有限元法存在求解速度过慢、对网格要求过高、对模型材料刻画不精细等问题。本章针对这一问题建立了功能梯度结构中波传播分析的时域谱单元方法。

8.2　用于功能梯度材料结构波传播分析的时域谱单元

8.2.1　功能梯度材料特性的数学描述

如图 8.2 所示，这里给出了一种典型功能梯度材料，其杨氏模量、密度和热膨胀系数等材料参数随某一方向连续变化。f_u 和 f_d 分别表示材料上下表面的材料属性。根据这种材料的物理本质可知，功能梯度材料的成分分布呈幂律形式[3]：

$$f(r) = f_d + (f_u - f_d)g(r) \tag{8.1}$$

式中，$f(r)$ 表征结构任意一点处的材料参数；$g(r)$ 为体积分数，即

$$g(r) = \left(\frac{r}{h}\right)^n \tag{8.2}$$

其中，n 表示功能梯度材料变化的梯度指数；r、h 分别表示该点的坐标。如图 8.3 所示，当 $n=1$ 时，材料在梯度方向呈线性变化。

图 8.2　典型的一维功能梯度材料结构

在一些比较严苛的工作环境中，一维的功能梯度材料往往无法满足工程需求。因此，二维功能梯度材料应运而生。二维功能梯度材料是指由三种或四种不同的材料组成，各组分在空间沿着两个梯度方向同时变化的一种材料。

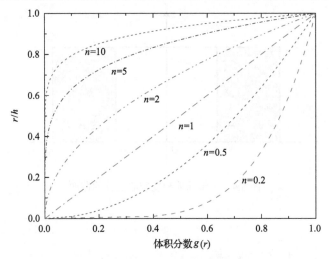

图 8.3　不同功能梯度材料指数对体积分数的影响

考虑一个典型的二维功能梯度空心圆柱，其截面如图 8.4 所示。r_i 和 r_o 分别表示空心圆柱的内径和外径。下标 c_1、c_2、m_1 和 m_2 分别表示与构成功能梯度材料的各组分相关的物理量。其中，c_1 和 c_2 为两种不同的陶瓷材料，m_1 和 m_2 为两种不同的金属材料。根据均匀化理论，各组分的体积分数有如下关系：

$$V_{c1} + V_{c2} + V_{m1} + V_{m2} = 1 \tag{8.3}$$

空间内任意一点上各组分的体积分数可以表示为

$$
\begin{aligned}
V_{c1} &= \left[1 - \left(\frac{r - r_i}{r_o - r_i}\right)^{n_r}\right]\left[1 - \left(\frac{z}{L}\right)^{n_z}\right] \\[6pt]
V_{c2} &= \left[1 - \left(\frac{r - r_i}{r_o - r_i}\right)^{n_r}\right]\left(\frac{z}{L}\right)^{n_z} \\[6pt]
V_{m1} &= \left(\frac{r - r_i}{r_o - r_i}\right)^{n_r}\left[1 - \left(\frac{z}{L}\right)^{n_z}\right] \\[6pt]
V_{m2} &= \left(\frac{r - r_i}{r_o - r_i}\right)^{n_r}\left(\frac{z}{L}\right)^{n_z}
\end{aligned}
\tag{8.4}
$$

式中，n_r 和 n_z 分别表示材料在 r 方向和 z 方向的功能梯度指数。例如，图 8.5 给出了当圆柱的内径 r_i=1m、外径 r_o=1.5m、高 L=1m、梯度变化的指数 $n_r = n_z = 2$ 时材料 c_2 和 m_1 的体积分数在空间的分布。

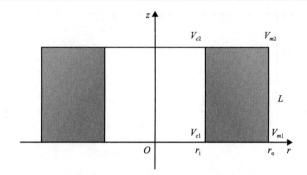

图 8.4　二维功能梯度空心圆柱的截面

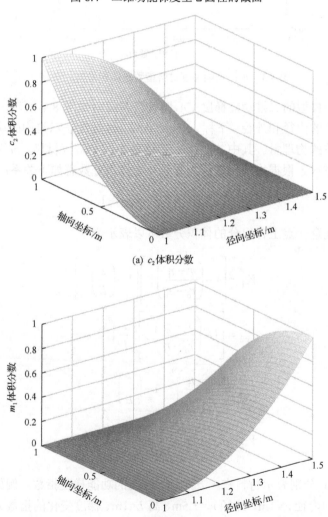

(a) c_2 体积分数

(b) m_1 体积分数

图 8.5　不同材料的体积分数在空间的分布

8.2.2 功能梯度材料建模方法

采用时域谱单元方法求解弹性波在功能梯度材料结构中的传播时，需要建立相应的材料模型。目前，针对功能梯度材料，常见的建模方法共有以下三种[4]：

(1) 均匀化材料模型。均匀化材料模型以材料属性的平均值代替整体结构的材料属性。这种情况下，结构材料不再是连续变化的，而是各向同性的均质材料。结构的材料属性均为常值。

(2) 分层离散模型。分层离散模型将结构在材料梯度方向离散为若干个子层，在每个子层内的材料属性为同一常数，取子层上下表面属性的平均值。一般地，随着划分子层数量的增加，对材料模型的刻画越精细，但随之计算效率会大大降低。

(3) 连续材料模型。连续材料模型将结构的材料属性看成坐标的连续函数。在单元内，材料属性也是坐标的连续函数。

其中，连续材料模型能够以高阶插值的方法逼近材料的真实属性，因此，在本章中功能梯度材料采用连续材料模型方法建模。

8.2.3 功能梯度材料谱单元

由于功能梯度材料在航空航天中主要应用于发动机燃烧室、喷管等轴对称结构中，因此本节以轴对称单元为基础，推导了适用于功能梯度材料的谱单元。由第 5 章内容可知，四边形轴对称谱单元的质量矩阵和刚度矩阵可表示为

$$\boldsymbol{M}^e = 2\pi \int_{-1}^{1}\int_{-1}^{1} \rho \boldsymbol{N}^{\mathrm{T}}(\xi,\eta)\boldsymbol{N}(\xi,\eta) r \det(\boldsymbol{J}) \mathrm{d}\xi \mathrm{d}\eta \tag{8.5}$$

$$\boldsymbol{K}^e = 2\pi \int_{-1}^{1}\int_{-1}^{1} \boldsymbol{B}^{\mathrm{T}} \boldsymbol{D} \boldsymbol{B} r \det(\boldsymbol{J}) \mathrm{d}\xi \mathrm{d}\eta \tag{8.6}$$

由于功能梯度材料的材料属性随空间坐标 (ξ,η) 变化，因此与材料属性相关的 ρ、矩阵 $\boldsymbol{D}$ 等都是坐标的函数。因此，功能梯度轴对称谱单元的单元矩阵为

$$\boldsymbol{M}^e = 2\pi \int_{-1}^{1}\int_{-1}^{1} \rho(\xi,\eta) \boldsymbol{N}^{\mathrm{T}}(\xi,\eta)\boldsymbol{N}(\xi,\eta) r \det(\boldsymbol{J}) \mathrm{d}\xi \mathrm{d}\eta \tag{8.7}$$

$$\boldsymbol{K}^e = 2\pi \int_{-1}^{1}\int_{-1}^{1} \boldsymbol{B}^{\mathrm{T}} \boldsymbol{D}(\xi,\eta) \boldsymbol{B} r \det(\boldsymbol{J}) \mathrm{d}\xi \mathrm{d}\eta \tag{8.8}$$

组装各单元矩阵即可得到结构整体的质量矩阵与刚度矩阵。

8.3　MATLAB 应用程序

　　本节给出了计算功能梯度材料轴对称谱单元各单元矩阵的 MATLAB 程序。程序输入变量为单元节点的坐标 Coordinates_XY、材料属性 Material 和谱单元插值阶次 NGLL。输出为单元的质量矩阵 M_e 和刚度矩阵 K_e。

```
%..............................................................
%MATLAB codes for spectral element method.
%axisymmetric element for functionally graded materials.
function [M_e,K_e]=Axis_E_FGM(Coordinates_XY, Material, NGLL)

%out of mass and stiffness matrices of axisymmetric spectral element.
%Coordinates_XY: The coordinates of element nodes in global system.
%Coordinates_XY=[r1 r2 r3 r4;
                 z1 z2 z3 z4];
%Material: The properties of structural material.
%Material-[Elastic modulus_a Passion's ratio_a density_a;
Elastic modulus_b Passion's ratio_b density_b];
%NGLL: the order of interpolation polynomial.

%%D: elastic material property matrix.
%B: strain-displacement matrix.
%Psi: shape function
%omegar/omegaz: integration weight factor in r and z direction,
respectively.

Eg =[Material(1,1)Material(2,1)];
vg =[Material(1,2)Material(2,2)];
rg =[Material(1,3)Material(2,3)];
ka=0.5;% graded exponent

%calculate relative coordinates.
%L stands for whole length of structure in graded direction.
relative_Coo=((Coordinates_XY(1,2:-1:1)-L)/L);
%initialization of matrices.
M_e=0;
K_e=0;
%initialization of Jacobian matrix.
J11=0;
J22=0;
```

```
%the order of interpolation degree in two main direction.
Nr=NGLL;
Nz=NGLL;
%configure the GLL nodes in local system.
[nodes_r,Pr]=Legendre(Nr);
[nodes_z,Pz]=Legendre(Nz);
%Lagrange interpolation.
L_r=Lagrange(nodes_r);
L_z=Lagrange(nodes_z);
%configure the shape function.
%Shape function= NG1*NG2.
  NG1=[-1 1;
        1 1;
        1 1;
       -1 1]/2;
  NG2=[ 1 1;
        1 1;
       -1 1;
       -1 1]/2;
%configure the derivative of shape function.
  r_xi=1/4*[…
                    -1  -1;
                     1   1;
                    -1   1;
                     1  -1];
  r_yi=1/4*[…
                    -1   1;
                     1   1;
                    -1  -1;
                     1  -1];
%calculate the B matrix.
for ix=1:Nr

    omegar=2/Nr/(Nr-1)/(polyval(Pr,nodes_r(ix)))^2;

for iy=1:Nz
    Psi=zeros(2,Nz*Nr*2);
     B =zeros(4,Nz*Nr*2);
    Psi(:,((ix-1)*Nz+iy)*2-1:((ix-1)*Nz+iy)*2)=[…
                                    1 0 ;
                                    0 1];
    omegaz=2/Nz/(Nz-1)/(polyval(Pz,nodes_z(iy)))^2;
```

```
for J_i=1:4
          J11(J_i)=polyval(r_xi(J_i,:),nodes_z(iy));
          J22(J_i)=polyval(r_yi(J_i,:),nodes_r(ix));
end

   J=J11* Coordinates_XY (1,:)´*J22* Coordinates_XY (2,:)´-J11*
Coordinates_XY (2,:)´…
   *J22* Coordinates_XY (1,:)´;


for jx=1:Nr
for jy=1:Nz
if jy==iy
               da=polyval(polyder(L_r(jx,:)),nodes_r(ix));
else
               da=0;
end

if jx==ix
               db=polyval(polyder(L_z(jy,:)),nodes_z(iy));
else
               db=0;
end

if jx==ix&&jy==iy
               dc=1;

               r=0;
for ri=1:4
r=polyval(NG1(ri,:),nodes_z(ix))*polyval(NG2(ri,:),nodes_z(iy))*…
Coordinates_ XY(1,ri)+r;
end
               dc=dc/r;
else
               dc=0;
end


          da1=(da*J22*Coordinates_ XY(2,:)´-J11*
Coordinates_XY(2,:)´*db)/J;
          db1=(db*J11* Coordinates_XY(1,:)´-J22*
```

```
Coordinates_XY(1,:)´*da)/J;



            B(:,((jx-1)*Nz+jy)*2-1:((jx-1)*Nz+jy)*2)=[...
                                          da1    0;
                                          dc     0;
                                           0    db1;
                                          db1   da1];


end
end
            r=0;
for ri=1:4
            r=polyval(NG1(ri,:),nodes_z(ix))*polyval(NG2(ri,:),
nodes_z(iy))*...
Coordinates_XY (1,ri)+r;
end
%calculate volume fraction.
Vol_fraction=(relative_Coo (1)- relative_Coo
(2))*(nodes_r(ix)-nodes_r(1))/nodes_r(end)/2+ ...
relative_Coo (2);
%calculate material properties at nodes.
 E=(Eg(1)-Eg(2))* Vol_fraction ^ka+Eg(2);
 v=(vg(1)-vg(2))* Vol_fraction ^ka+vg(2);
 rou=(rg(1)-rg(2))* Vol_fraction ^ka+rg(2);
 D=[...
        1          v/(1-v)   v/(1-v)          0;
     v/(1-v)         1       v/(1-v)          0;
     v/(1-v)      v/(1-v)       1             0;
        0            0         0    (1-2*v)/2/(1-v)]*E*(1-v)/(1+v)/(1-2*v);

    M_e=2*pi*r*omegar*omegaz*Psi´*rou*Psi*J+M_e;
    K_e=2*pi*r*omegar*omegaz*B´*D*B*J+K_e;
end
end
M_e=reshape(diag(M_e),2*Nr,Nz);
```

8.4　应 用 算 例

算例 8.1　有一个实心功能梯度轴对称结构。结构上表面为陶瓷 Al_2O_3，下表面为纯金属 Ni，材料的梯度方向为轴向，梯度指数 $n_z=1$。圆柱的尺寸如图 8.6

所示，半径 $r = 1.5\text{in}$ ，高为 $h = 1\text{in}$ 。组成功能梯度材料的各组分材料的属性见表 8.1。圆柱上表面 $r_p = 0.25\text{in}$ 的区域内受到脉冲载荷。载荷由式（8.9）确定：

$$f(r,t) = -\psi(t)P(H(r) - H(r - r_p)) \tag{8.9}$$

式中，H 表示 Heaviside 阶跃函数；P 表示 10^5psi（1psi=0.006895MPa）。时间函数 $\psi(t)$ 表示峰值为 1 的三角脉冲信号，该信号在 $t_1 = 0.5\mu\text{s}$ 时处于最大值，在 $t_2 = 1.0\mu\text{s}$ 为 0。通过 FFT，该三角激励频域下的幅频曲线如图 8.7 所示。由图可知，载荷的频率主要集中在 2MHz 以下。

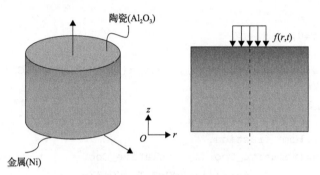

图 8.6　一维功能梯度材料圆柱

表 8.1　功能梯度材料各组分的材料属性

材料	材料属性		
	杨氏模量/10^7psi	密度/(10^{-4}lb/in³)	泊松比
陶瓷（Al₂O₃）	5.3	3.7	0.24
金属（Ni）	2.8	8.3	0.31

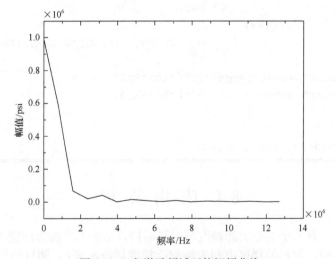

图 8.7　三角激励频域下的幅频曲线

　　经过收敛性分析，采用谱单元将结构离散为 3×18 个单元即可得到收敛解。单元为四阶插值单元，积分时间步长为 $1×10^{-8}$s，计算总时长选为 $2×10^{-5}$s。监测 $K(0.2,0.8)$in、$L(0.75,0.5)$in 和 $M(0.5,0.3)$in 三点的位移时域历程响应。

　　同时，采用商业有限元软件 Abaqus 对该模型进行分析，选择四节点双线性四边形单元离散结构。经典有限元法求解波传播问题时，推荐的网格尺寸为

$$l_e = \frac{\lambda_{\min}}{20} \tag{8.10}$$

式中，l_e 为单元的长度；$\lambda_{\min}$ 为所求波场的最短波长。为了模拟功能梯度材料在空间的变化，该圆柱在轴向均分为 20 个子层。在每个子层内，结构的材料属性定义为子层上下表面材料属性的平均值。

　　由图 8.8 和图 8.9 可知，所推导的时域谱单元方法和经典有限元法的结果在三个监测点处吻合较好，部分区域的微小误差是由两种方法采用的不同材料模型导致的。通过对比可知，时域谱单元方法能够有效地模拟弹性波在功能梯度轴对称结构中的传播。此外，表 8.2 给出了时域谱单元方法与经典有限元法的计算规模对比。由表 8.2 可知，时域谱单元方法求解该波传播问题需要 2050 个自由度，其计算规模远小于经典有限元法的 30502 个自由度，说明了所建立方法的高效性。

　　算例 8.2　有一个二维功能梯度空心圆柱结构。空心圆柱的内径 $r_i = 1$m，外径 $r_o = 1.5$m，高 $L = 1$m。圆柱的内壁由两种不同的陶瓷材料组成，外壁为两种不同的金属材料。功能梯度材料的各组分材料属性见表 8.3。圆柱的载荷形式为内部压强，载荷波形为汉宁窗调制的中心频率为 100kHz 的正弦信号，即

$$P(t) = \frac{1}{2}P_0 \times \left[1 - \cos\left(\frac{2\pi f}{n}t \right) \right] \sin(2\pi ft) \tag{8.11}$$

式中，$P_0 = 10^5$Pa，$n=5$。

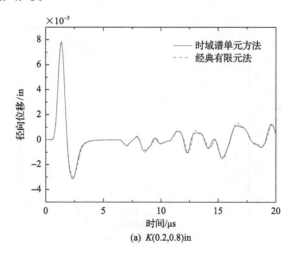

(a) $K(0.2,0.8)$in

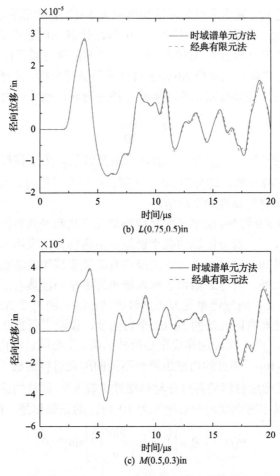

(b) $L(0.75,0.5)$in

(c) $M(0.5,0.3)$in

图 8.8 监测点 K、L、M 处的径向位移响应

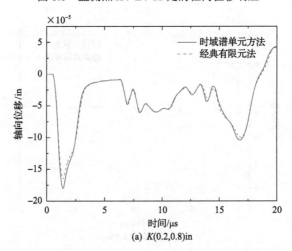

(a) $K(0.2,0.8)$in

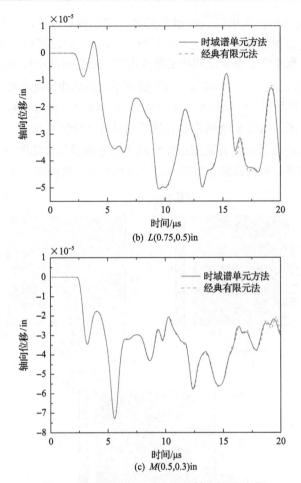

(b) $L(0.75, 0.5)$in

(c) $M(0.5, 0.3)$in

图 8.9　监测点 K、L、M 处的轴向位移响应

表 8.2　时域谱单元方法与经典有限元法计算规模比较

方法	单元数量	总自由度
时域谱单元方法	54(四阶插值)	2050
经典有限元法	15000	30502

表 8.3　二维功能梯度材料各组分材料属性

组分	材料	材料属性		
		杨氏模量/10^9Pa	质量密度/(kg/m^3)	泊松比
m_1	Ti6Al4V	115	4515	0.31
m_2	Al 1100	69	2715	0.30
c_1	SiC	440	3210	0.24
c_2	Al$_2$O$_3$	300	3470	0.24

　　经过收敛性分析，当采用六阶谱单元时，空心轴对称结构在径向被离散为 3 个单元，在轴向被离散为 9 个单元(共计 27 个单元)，算法能以合理的计算耗费获得收敛的响应。根据中心差分法的稳定条件可知，临界时间步长 $\Delta t_{cr} = 8.742 \times 10^{-6}$s。在本研究中，时间步长 $\Delta t = 1 \times 10^{-7}$s。为了研究不同的功能梯度指数对弹性波传播的影响，考虑了三种材料梯度指数 $n_r = n_z = 0.1$、$n_r = n_z = 1$ 和 $n_r = n_z = 10$ 在不同时刻下的径向位移云图，如图 8.10 所示。选择不同材料区域的 E 和 F 为监测点，输出其位移历程曲线及应力情况，各监测点在空间上的分布及坐标如图 8.11 所示。点 E 和 F 处的径向位移、轴向位移和径向应力的时频曲线分别如图 8.12～图 8.14 所示。

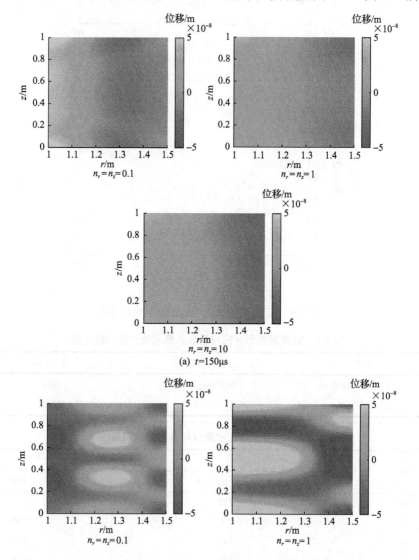

(a) $t = 150\mu s$

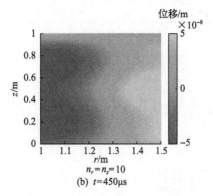

(b) $t = 450\mu s$

图 8.10　径向位移 $u(r, z)$ 云图

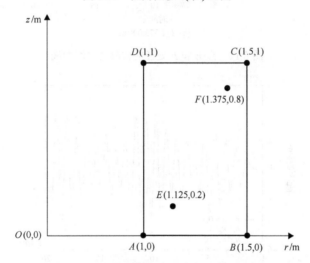

图 8.11　各监测点在空间上的分布及坐标

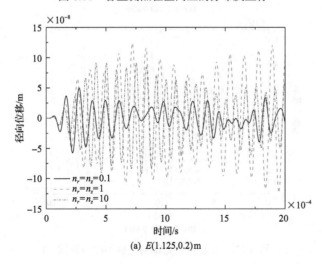

(a) $E(1.125, 0.2)$ m

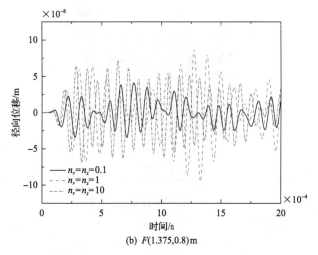

(b) $F(1.375, 0.8)$m

图 8.12   点 E 和 F 处径向位移的时域曲线

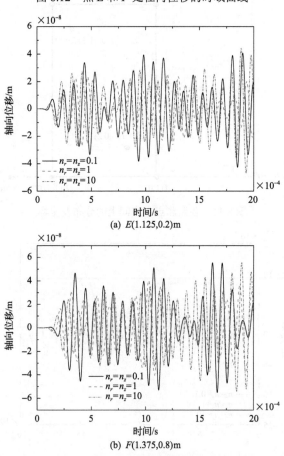

(a) $E(1.125, 0.2)$m

(b) $F(1.375, 0.8)$m

图 8.13   点 E 和 F 处轴向位移的时域曲线

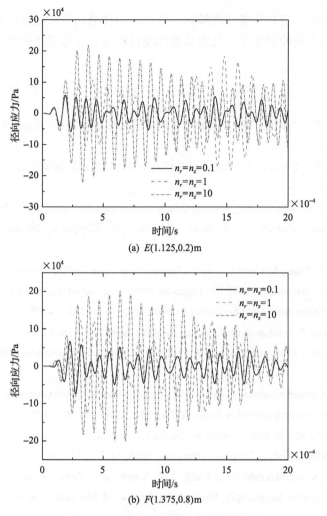

(a) $E(1.125, 0.2)$m

(b) $F(1.375, 0.8)$m

图 8.14　点 E 和 F 处径向应力时域曲线

8.5　本章小结

　　本章基于四节点轴对称时域谱单元，建立了一种适用于分析功能梯度材料的单元。这种谱单元通过配置非等距插值节点，有效地克服了经典有限元法中的龙格效应问题，实现了精度较高的高阶插值。同时，高阶插值函数也能更好地模拟功能梯度材料属性在空间的变化。

　　通过与商业有限元软件结果对比，说明了本章所提出单元的有效性与高效性。通过研究空心二维功能梯度轴对称结构中的动力学响应，对比不同材料梯度指数对波传播的影响，可知功能梯度指数对弹性波的传播速度有显著影响，同时也会影响位移和应力的峰值水平。这为功能梯度材料的设计与制造提供了研究方法和技术支撑。

参 考 文 献

[1] 马涛，赵忠民，刘良祥，等. 功能梯度材料的研究进展及应用前景[J]. 化工科技，2012，20(1): 71-75.

[2] 徐娜，李展希，李荣德，等. 功能梯度材料的制备、应用及发展趋势[J]. 材料保护，2008，41(5): 54-57.

[3] Sun D, Luo S N. Wave propagation and transient response of a FGM plate under a point impact load based on higher-order shear deformation theory[J]. Composite Structures, 2011, 93(5): 1474-1484.

[4] Lefebvre J E, Zhang V, Gazalet J, et al. Acoustic wave propagation in continuous functionally graded plates: An extension of the Legendre polynomial approach[J]. IEEE Transactions on Ultrasonics Ferroelectrics and Frequency Control, 2001, 48(5): 1332-1340.

[5] Nie G J, Zhong Z. Semi-analytical solution for three-dimensional vibration of functionally graded circular plates[J]. Computer Methods in Applied Mechanics and Engineering, 2007, 196(49-52): 4901-4910.

[6] Bruck H A. A one-dimensional model for designing functionally graded materials to manage stress waves[J]. International Journal of Solids & Structures, 2000, 37(44): 6383-6395.

[7] Nie G J, Zhong Z. Vibration analysis of functionally graded annular sectorial plates with simply supported radial edges[J]. Composite Structures, 2008, 84(2): 167-176.

[8] Chakraborty A, Gopalakrishnan S, Reddy J N. A new beam finite element for the analysis of functionally graded materials[J]. International Journal of Mechanical Sciences, 2003, 45(3): 519-539.

[9] Shakeri M, Akhlaghi M, Hoseini S M. Vibration and radial wave propagation velocity in functionally graded thick hollow cylinder[J]. Composite Structures, 2006, 76(1-2): 174-181.

[10] Asgari M, Akhlaghi M, Hosseini S M. Dynamic analysis of two-dimensional functionally graded thick hollow cylinder with finite length under impact loading[J]. Acta Mechanica, 2009, 208(3-4): 163-180.

第9章 含裂纹结构中波传播分析的时域谱单元方法

结构在服役期间面临着复杂多变的载荷环境，不可避免地会产生一些难以察觉的微小裂纹，如轴肩的磨损裂纹、复合材料中的基体裂纹等。这些裂纹如果不能被及时发现并修复，就可能导致结构破坏而引发灾难。基于导波的监测方法能够在裂纹萌生早期就监测到其存在[1]，研究含裂纹结构中的波传播对发展此类损伤检测方法具有重要的指导作用。

目前，有许多学者采用解析方法研究了裂纹与弹性波的相互作用。Cegla 等结合 Mindlin 板理论和波动方程展开方法研究了含盲孔的平板中弹性波的散射问题[2]。Maslov 等研究了不同模式的导波在含损伤的复合材料中传播的非线性行为[3]。Fromme 等结合 Kirchhoff 和 Mindlin 板理论研究了弹性波在含裂纹平板中的传播行为[4]。Poddar 等研究了弹性波与复合材料结构水平裂纹的相互作用[5]。Wang 等采用高阶梁理论，研究了含裂纹梁结构中的波传播行为[6]。

Darpe 等使用经典有限元方法并结合应力强度因子方法研究了弹性波在含呼吸裂纹转轴结构中的传播[7]。Kawashima 等采用有限元法建立了损伤模型[1]，研究了由裂纹引起的弹性波的二次谐波响应，并结合实验，证明了基于弹性波的方法监测裂纹的可能性。Shen 等采用数值方法研究了兰姆波与呼吸裂纹的散射行为[8]。

裂纹的呼吸开闭具有典型的非线性特征，目前关于含呼吸裂纹的结构波传播模拟工作大多采用等效化处理，即忽略裂纹的非线性。本章针对这一问题，基于应力强度因子方法和无摩擦的硬接触两种方法分别建立了呼吸裂纹模型，并结合时域谱单元方法，研究了弹性波与呼吸裂纹的非线性相互作用。通过与经典有限元法的对比，说明了本章所提出的两种裂纹建模方法与所建立时域谱单元方法的有效性。

9.1 裂纹损伤的建模

呼吸裂纹是指含裂纹损伤的结构在外载荷的作用下裂纹不断开合的现象。这种裂纹的"呼吸"行为会引起结构的非线性响应，导致裂纹快速生长，威胁结构的健康。因此，为了研究呼吸裂纹与弹性波的相互作用关系，首先要建立能够模拟呼吸裂纹的非线性单元。

9.1.1　应力强度因子法

如图 9.1 所示，有一含 V 形刻痕的梁结构，采用时域谱单元方法将结构离散为两类单元。对于不含损伤的单元，根据第 7 章的理论可知，可由 Mindlin-Herrmann 杆理论和 Timoshenko 梁理论推导[9]，这里不再赘述。

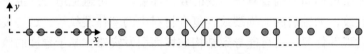

图 9.1　含 V 字形刻痕的梁结构

如图 9.2 所示，含裂纹的单元长为 l，裂纹位于单元的 l_c 处，裂纹宽度为 b，相对深度为 d_c/h。一般地，含裂纹单元的长度 l 都很短，因此，单元上节点的横向收缩自由度 ψ 被忽略不计。所以，裂纹单元上每个节点共有三个自由度 $\begin{bmatrix} u & v & \varphi \end{bmatrix}^{\mathrm{T}}$。对于含裂纹单元，根据卡氏定理有

$$u_i = \frac{\partial U}{\partial P_i} \tag{9.1}$$

式中，u_i 和 P_i 分别为第 i 个节点的位移和节点力；U 为总的应变能。当单元内存在裂纹时，有

$$U = U_{\mathrm{o}} + U_{\mathrm{c}} \tag{9.2}$$

式中，U_{o} 和 U_{c} 分别表示未受损单元的应变能和由裂纹引起的应变能。因此，式 (9.1) 可写为

$$u_i = \frac{\partial U_{\mathrm{o}}}{\partial P_i} + \frac{\partial U_{\mathrm{c}}}{\partial P_i} = u_{i\mathrm{o}} + u_{i\mathrm{c}} \tag{9.3}$$

由裂纹引起的应变能 U_{c} 可表示为

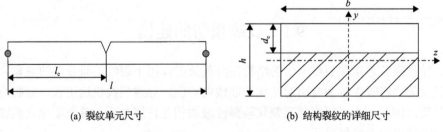

(a) 裂纹单元尺寸　　　　　　　　　　(b) 结构裂纹的详细尺寸

图 9.2　含裂纹单元

$$U_c = \int_A J(A)\mathrm{d}A \tag{9.4}$$

式中，$J(A)$ 为应变能密度函数。$J(A)$ 可表示为[3]

$$J(A) = \frac{1-\mu}{E}\left[\left(\sum_{i=1}^{\mathrm{DOF}} K_{\mathrm{I}i}\right)^2 + \left(\sum_{i=1}^{\mathrm{DOF}} K_{\mathrm{II}i}\right)^2 + (1+\mu)\left(\sum_{i=1}^{\mathrm{DOF}} K_{\mathrm{III}i}\right)^2\right] \tag{9.5}$$

式中，$K_{\mathrm{I}i}$、$K_{\mathrm{II}i}$、$K_{\mathrm{III}i}$ 表示三种应力强度因子；DOF 是相应的自由度。如图 9.3 所示，每种状态的裂纹对应一种应力强度因子。

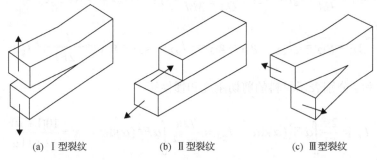

(a) Ⅰ型裂纹　　　　　(b) Ⅱ型裂纹　　　　　(c) Ⅲ型裂纹

图 9.3　裂纹的三种模式

Tada 等详细介绍了三种应力强度因子的定义[10]。结合式 (9.1) ～ 式 (9.5) 可知，含裂纹单元的节点位移向量与节点力的关系为

$$\boldsymbol{K}_c \boldsymbol{u}_i = \boldsymbol{P}_i \tag{9.6}$$

式中，$\boldsymbol{K}_c$ 为位移场 $\boldsymbol{u}_i$ 的函数，表示单元的刚度矩阵。对于呼吸裂纹单元，裂纹的呼吸状态对应不同的单元刚度矩阵。

如图 9.4 所示，当裂纹单元的节点位移 $u_1 < u_2$ 或 $\varphi_1 > \varphi_2$ 时，裂纹为张开状态，刚度矩阵定义为

$$\boldsymbol{K}_c(u_i) = \boldsymbol{P}\boldsymbol{G}_o^{-1}\boldsymbol{P}^{\mathrm{T}} \tag{9.7}$$

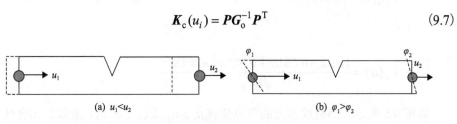

(a) $u_1 < u_2$　　　　　　　　　　(b) $\varphi_1 > \varphi_2$

图 9.4　裂纹张开状态

$$\boldsymbol{P}^{\mathrm{T}} = \begin{bmatrix} 1 & 0 & 0 & -1 & 0 & 0 \\ 0 & 1 & 0 & 0 & -1 & 0 \\ 0 & 0 & 1 & 0 & 0 & 0 \end{bmatrix} \tag{9.8}$$

$$\boldsymbol{G}_{\mathrm{o}} = \begin{bmatrix} g_{11} & g_{12} & g_{13} \\ g_{21} & g_{22} & g_{23} \\ g_{31} & g_{32} & g_{33} \end{bmatrix} \tag{9.9}$$

式中，各矩阵元素为

$$g_{11} = \frac{l}{EA} + I_{g1}, \quad g_{22} = \frac{\kappa l}{GA} + \frac{l^3}{3EI} + I_{g3} + l_{\mathrm{c}}^2 I_{g4}, \quad g_{33} = \frac{l}{EI} + I_{g4}$$

$$g_{21} = g_{12} = l_{\mathrm{c}} I_{g2}, \quad g_{31} = g_{13} = -I_{g2}, \quad g_{32} = g_{23} = -\frac{l^2}{2EI} - l_{\mathrm{c}} I_{g4}$$

其中，G 和 I 分别表示材料的剪切刚度和惯性矩；

$$I_{g1} = \frac{2\pi}{Eb} \int_0^\alpha \alpha F_1^2(\alpha) \mathrm{d}\alpha, \quad I_{g4} = \frac{72\pi}{Ebh^2} \int_0^\alpha \alpha F_2^2(\alpha) \mathrm{d}\alpha, \quad \kappa = \frac{10(1+\mu)}{12+11\mu}$$

$$I_{g2} = \frac{12\pi}{Ebh} \int_0^\alpha \alpha F_1(\alpha) F_2(\alpha) \mathrm{d}\alpha, \quad I_{g3} = \frac{2\kappa\pi}{Eb} \int_0^\alpha \alpha F_{\mathrm{II}}^2(\alpha) \mathrm{d}\alpha, \quad \alpha = \frac{d_{\mathrm{c}}}{h}$$

$$F_1(\alpha) = \sqrt{\frac{2}{\pi\alpha} \tan\left(\frac{\pi\alpha}{2}\right)} \times \frac{0.752 + 2.02\alpha + 0.37\left[1 - \sin\left(\dfrac{\pi\alpha}{2}\right)\right]^3}{\cos\left(\dfrac{\pi\alpha}{2}\right)}$$

$$F_2(\alpha) = \sqrt{\frac{2}{\pi\alpha} \tan\left(\frac{\pi\alpha}{2}\right)} \times \frac{0.923 + 0.199\left[1 - \sin\left(\dfrac{\pi\alpha}{2}\right)\right]^4}{\cos\left(\dfrac{\pi\alpha}{2}\right)}$$

$$F_{\mathrm{II}}(\alpha) = \frac{1.122 - 0.561\alpha + 0.085\alpha^2 + 0.18\alpha^3}{\sqrt{1-\alpha}}$$

如图 9.5 所示，当裂纹单元的节点位移 $u_1 > u_2$ 或 $\varphi_1 < \varphi_2$ 时，裂纹为闭合状态，刚度矩阵定义为

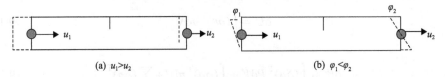

(a) $u_1 > u_2$　　　　　　　　　　　(b) $\varphi_1 < \varphi_2$

图 9.5　裂纹闭合状态

$$\boldsymbol{K}_{\mathrm{c}}(u_i) = \boldsymbol{P}\boldsymbol{G}_{\mathrm{c}}^{-1}\boldsymbol{P}^{\mathrm{T}} \tag{9.10}$$

$$\boldsymbol{G}_{\mathrm{c}} = \begin{bmatrix} \mathrm{gc}_{11} & \mathrm{gc}_{12} & \mathrm{gc}_{13} \\ \mathrm{gc}_{21} & \mathrm{gc}_{22} & \mathrm{gc}_{23} \\ \mathrm{gc}_{31} & \mathrm{gc}_{32} & \mathrm{gc}_{33} \end{bmatrix} \tag{9.11}$$

式中，各矩阵元素为

$$\mathrm{gc}_{11} = \frac{l}{EA}, \quad \mathrm{gc}_{22} = \frac{\kappa l}{GA} + \frac{l^3}{3EI}, \quad \mathrm{gc}_{33} = \frac{l}{EI}$$

$$\mathrm{gc}_{21} = \mathrm{gc}_{12} = \mathrm{gc}_{31} = \mathrm{gc}_{13} = 0, \quad \mathrm{gc}_{23} = \mathrm{gc}_{32} = -\frac{l^2}{2EI}$$

9.1.2　间隙接触单元法

　　基于应力强度因子方法对呼吸裂纹建模的核心思想是寻找等效的单元刚度矩阵。这种方法虽然能模拟弹性波在含呼吸裂纹结构中的传播行为，但无法直观地研究弹性波在呼吸裂纹处的行为。本章通过定义可分离硬接触所建立的间隙接触单元则可以有效地克服这一缺点。

　　如图 9.6 所示，结构中有一 V 形裂纹。裂纹的宽度为 g_{c}，相对深度为 d_{c}/h。在裂纹的两接触面上有[5]

$$\varPi = U - W + G \tag{9.12}$$

式中，$\varPi$、U 和 W 分别为区域内的总能量、应变能和外力做的功；G 为由裂纹引入的约束项。由变分原理可知，当式 (9.12) 取得极值时，有

$$\delta\varPi = \delta U - \delta W + \delta G = 0 \tag{9.13}$$

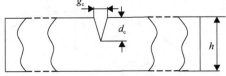

图 9.6　裂纹的详细几何尺寸

$$\delta U = \int_V (\delta \boldsymbol{\varepsilon})^{\mathrm{T}} \sigma \mathrm{dV} \tag{9.14}$$

$$\delta W = \int_V (\delta \boldsymbol{q})^{\mathrm{T}} P \mathrm{dV} + \int_\Gamma (\delta \boldsymbol{q})^{\mathrm{T}} t \mathrm{d}\Gamma + \sum (\delta \boldsymbol{q})^{\mathrm{T}} \tag{9.15}$$

式(9.15)中右端三项分别表示由体力、表面力和集中力做的功。

根据罚函数理论，约束项可写为

$$\boldsymbol{G} = \frac{1}{2} \int_{\Gamma_{\mathrm{c}}} \boldsymbol{g}^{\mathrm{T}} \boldsymbol{\Lambda} \boldsymbol{g} \mathrm{d}\Gamma_{\mathrm{c}} \tag{9.16}$$

式中，Γ_{c} 为接触面；$\boldsymbol{\Lambda} = \mathrm{diag}(\alpha_1, \alpha_2, \alpha_3)$ 为罚系数；$\boldsymbol{g}$ 为约束方程。因此，$\boldsymbol{G}$ 的变分为

$$\delta \boldsymbol{G} = \int_{\Gamma_{\mathrm{c}}} \delta \boldsymbol{g}^{\mathrm{T}} \boldsymbol{\Lambda} \boldsymbol{g} \mathrm{d}\Gamma_{\mathrm{c}} \tag{9.17}$$

图 9.7 给出了典型的接触对，Ω_1 为接触体，Ω_2 为靶体。点 i 和点 j 分别为接触点和目标点，$\boldsymbol{F}_i$ 和 $\boldsymbol{F}_j$ 为接触力。约束项由两部分组成。首先，要保证接触对之间的不可侵入性，即在物体发生位移时，接触体 Ω_1 和靶体 Ω_2 不能相互干涉，也就是说两者间的间隙为非负的，即

$$\mathrm{gap} = u_i - u_j + d_{\mathrm{p}} \geqslant 0 \tag{9.18}$$

式中，u_i 和 u_j 分别为接触点和目标点的位移；d_{p} 为两者之间的初始间隙。此外，由于裂纹的呼吸特点，接触是可分离的，即接触力始终为正压力或 0，即

$$\boldsymbol{F}_i = -\boldsymbol{F}_j \geqslant 0 \tag{9.19}$$

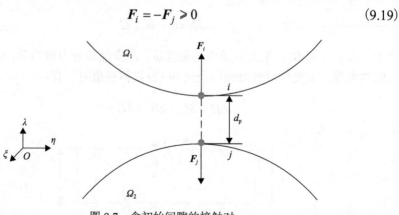

图 9.7　含初始间隙的接触对

结合式 (9.13)，接触力为

$$F_i = -F_j = -\Lambda g \qquad (9.20)$$

则有

$$F_i = -F_j = -\Lambda(u_i - u_j + d_p) \qquad (9.21)$$

由于在实际接触中，目标点不总是单元上的节点，因此，实际的目标点可以由靶体单元的形状函数与节点位移场插值得到，即

$$u_i - u_j = N_c d_c \qquad (9.22)$$

$$N_c = \begin{bmatrix} I_{i \times i} & N \end{bmatrix} \qquad (9.23)$$

$$d_c = \begin{bmatrix} u_i & U \end{bmatrix} \qquad (9.24)$$

式中，N 和 U 分别为靶体单元的形状函数和节点位移场。

接触力可表示为

$$F_i = -F_j = -\Lambda(N_c d_c + d_p) = -\Lambda N_c d_c - \Lambda d_p \qquad (9.25)$$

考虑全局坐标系与局部坐标系的坐标转换矩阵 T，可知接触力为

$$F_i = -F_j = -N_c^T T \Lambda T^T N_c d_c - N_c^T T \Lambda d_p \qquad (9.26)$$

记作

$$F_i = -F_j = -K_c d_c + F' \qquad (9.27)$$

式中，

$$K_c = N_c^T T \Lambda T^T N_c \qquad (9.28)$$

$$F' = -N_c^T T \Lambda d_p \qquad (9.29)$$

对单元矩阵进行组装，则系统的控制方程表示为

$$M\ddot{q} + C\dot{q} + (K + K_c)q = F(t) + F'(t) \qquad (9.30)$$

采用中心差分法求解上述微分方程时，迭代格式为

$$\frac{1}{\Delta t^2} M q_{t+\Delta t} = \left[F(t) + F'(t) \right] - \left(K + K_c - \frac{2}{\Delta t^2} M \right) q_t - \frac{1}{\Delta t^2} M q_{t-\Delta t} \qquad (9.31)$$

显然，接触刚度矩阵 $\boldsymbol{K}_c$ 会直接影响显式算法的收敛步长。一般地，对于杆单元，罚系数 $\Lambda=\mathrm{diag}(\alpha,\alpha,\alpha)$ 推荐取值为 $\alpha=\eta\left(\dfrac{EA}{l}\right)$，其中 E 和 A 分别表示杆的杨氏模量及横截面积，l 为杆单元的长度，η 为缩放系数。对于实体单元，罚系数 $\Lambda=(\alpha,\alpha,\alpha)$ 推荐取值为 $\alpha=\eta\left(\dfrac{KA}{V}\right)$。其中，$K$ 和 A 为材料的体模量和单元面积，V 为单元体积。

9.2　MATLAB 应用程序

本节给出了计算呼吸裂纹接触刚度及等效节点力的 MATLAB 程序。程序的输入变量为罚系数 Penalty_coefficient、位移场 Dispm、裂纹表面自由度 Crack_dof、裂纹深度 Crack_depth 和初始间隙 Initial_gap。输出为接触刚度矩阵 Kc 及等效节点力 Fc。

```
%..............................................................................
%MATLAB codes for spectral element method.
%gap spectral element method using penalty function-based hard contact
model.
function [Kc, Fc]=gap_ele (Penalty_coefficient, Dispm, Crack_dof,
Initial_gap)
%Crack_dof=[left_surface right_surface];
delta=Dispm(Crack_dof(:,1))-Dispm(Crack_dof(:,2));
num_dof=size(Crack_dof,1);
%initialization of Kc.
kcon=1*ones(num_dof,1);

%mark stands for tag of contact.
mark=ones(num_dof,1);

for k=1:num_dof
if delta(k)>Initial_gap
kcon=Penalty_coefficient;
mark(k)=2;
end
end
Fc= Penalty_coefficient*(mark-1).* Initial_gap;

for n=1:num_dof
```

```
Kc(:,:,n)=kcon(n)*[1 -1;-1 1];
end
```

9.3　应　用　算　例

算例 9.1　如图 9.8 所示，有一铝制平板结构，长 1m，宽 12mm，厚 6mm。平板材料的杨氏模量为 70GPa，质量密度为 2600kg/m³，泊松比为 0.3。在平板中央，有一道 V 形裂纹，裂纹的最大间隙为 10μm，深 3mm。在平板的左端面施加一沿 x 方向的位移激励，激励的形式为汉宁窗调制 5 周期正弦信号，中心频率为 25kHz，峰值为 10^{-4}m。监测区域同样选择平板的左端面，输出其 x 方向的平均速度响应。经过收敛性分析，采用时域谱单元方法将结构离散为 248 个五阶插值的谱单元，时间步长 $\Delta t = 10^{-8}$s 时即可得到收敛结果。根据单元的刚度矩阵，罚系数设为 $\Lambda = \mathrm{diag}(\alpha_1, \alpha_2, \alpha_3)$，其中 $\alpha_1 = \alpha_2 = \alpha_3 = 10^{10}$。

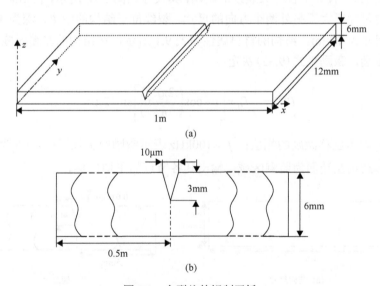

图 9.8　含裂纹的铝制平板

为了验证所建立单元的正确性，同时采用应力强度因子方法和可分离硬接触方法对该问题中的呼吸裂纹进行建模，并与文献[6]中公开的结果进行了对比。如图 9.9 所示，对结果归一化处理后，列出了三种结果的时域曲线对比图。

由图 9.9 可知，本章所介绍的两种建模方法均能有效地模拟呼吸裂纹与弹性波之间的相互作用。

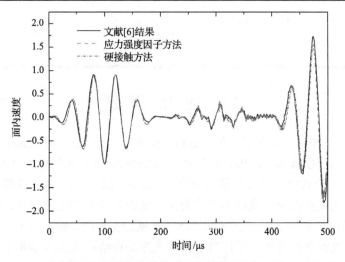

图 9.9　三种方法模拟的弹性波传播结果对比

算例 9.2　有一个含呼吸裂纹的结构,其尺寸如图 9.10 所示,长 1m,高 8mm,厚度方向尺寸远大于另外两个方向的尺寸。裂纹位于结构的中央,深为 4mm,最大开口尺寸为 10μm。结构的材料属性如表 9.1 所示,在结构的左端面施加一沿 x 方向的激励,激励由式(9.32)决定:

$$P(t) = \frac{1}{2} P_0 \times \left[1 - \cos\left(\frac{2\pi f}{n} t \right) \right] \sin\left(2\pi f t \right) \tag{9.32}$$

式中,P_0 表示位移激励的幅值;$f = 100\text{kHz}$ 表示激励的主频率;$n = 5$ 为周期数。同样选择结构左端面为监测区域,输出其各节点的平均位移。

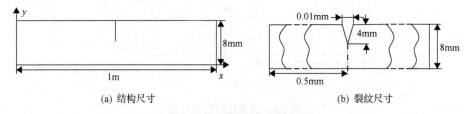

(a) 结构尺寸　　　　　　　　　　　　　　(b) 裂纹尺寸

图 9.10　含裂纹损伤的结构

表 9.1　含呼吸裂纹结构的材料属性

材料	杨氏模量 E/GPa	质量密度 ρ/(kg/m³)	泊松比
铝	70	2700	0.3

图 9.11 给出了兰姆波在铝制结构中传播的群速度频散曲线。由图可知,当激励的主频率为 100kHz 时,弹性波在结构中传播时只包含 S0 和 A0 两种模式的波,

可以避免其他模式的波对波场的干扰，以便更准确地观察裂纹的呼吸行为。

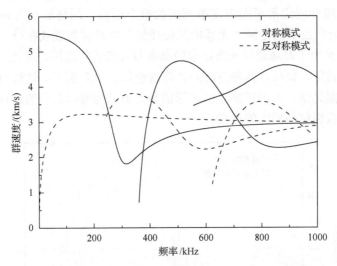

图 9.11　兰姆波在铝制结构中传播的群速度频散曲线(厚度为 8mm)

弹性波传播问题对单元网格要求较高，因此，首先进行了网格收敛性分析。本节对比了三种网格尺度 80×4=320 单元、60×4=240 单元和 40×4=160 单元，每种工况下单元的插值阶次均为 4，时间步长为 10^{-8}s。采用可分离的硬接触方法对呼吸裂纹进行建模，根据单元刚度矩阵的最大量级，罚系数选为 10^{10}。将监测区域的平均位移响应归一化后，三种网格尺寸所得结果如图 9.12 所示。由图可知，结构被离散为 240 个单元时，能够以相对合理的计算耗费得到收敛的结果。

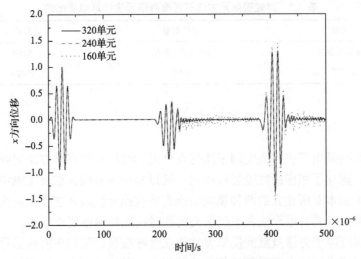

图 9.12　时域谱单元方法的网格收敛性分析结果

　　此外，同时使用商业有限元软件 Abaqus 分析同样的工况。在商业软件中，采用四节点双线性四边形平面应变单元离散整个结构，网格边长为弹性波波长的 1/20。通过给裂纹表面指派"无摩擦的硬接触"特性模拟裂纹在外力作用下的开闭。图 9.13 给出了时域谱单元方法和经典有限元法所得结果的对比，可以看出两种结果吻合较好。此外，两种方法的计算规模如表 9.2 所示。通过对比可知，相较于经典有限元法，本书所建立的时域谱单元方法能够以极小的计算耗费模拟弹性波在含呼吸裂纹结构中的传播。

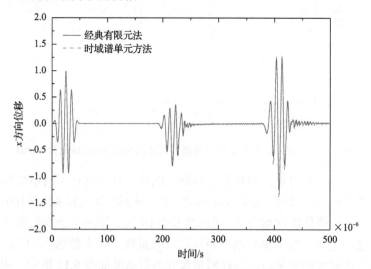

图 9.13　时域谱单元方法与经典有限元法结果对比

表 9.2　时域谱单元方法与经典有限元法计算规模比较

方法	单元数量	总自由度
时域谱单元方法	240（四阶插值）	8210
经典有限元法	8000	18026

9.4　本 章 小 结

　　本章分别采用了应力强度因子法与可分离的硬接触法两种方法对呼吸裂纹进行了建模，建立了相应的呼吸裂纹单元。通过与经典有限元法及文献中已公开结果对比，可知本章所建立的两种模型均能有效模拟弹性波在含裂纹损伤结构中的传播。此外，经典有限元法在求解这类问题时往往对网格要求更高。

　　应力强度因子方法虽然能模拟弹性波在含呼吸裂纹结构中的传播行为，但无法直观地研究弹性波在呼吸裂纹处的细节行为。采用可分离的硬接触法建立的呼吸裂纹单元，可以研究弹性波在裂纹局部处的传播行为。

参 考 文 献

[1] Kawashima K, Omote R, Ito T, et al. Nonlinear acoustic response through minute surface cracks: FEM simulation and experimentation[J]. Ultrasonics, 2002, 40(1-8): 611-615.

[2] Cegla F B, Rohde A, Veidt M. Analytical prediction and experimental measurement for mode conversion and scattering of plate waves at non-symmetric circular blind holes in isotropic plates[J]. Wave Motion, 2008, 45(3): 162-177.

[3] Maslov K, Kundu T. Selection of Lamb modes for detecting internal defects in composite laminates[J]. Ultrasonics, 1997, 35(2): 141-150.

[4] Fromme P, Sayir M B. Measurement of the scattering of a Lamb wave by a through hole in a plate[J]. The Journal of the Acoustical Society of America, 2002, 111(3): 1165-1170.

[5] Poddar B, Giurgiutiu V. Complex modes expansion with vector projection using power flow to simulate Lamb waves scattering from horizontal cracks and disbonds[J]. The Journal of the Acoustical Society of America, 2016, 140(3): 2123-2133.

[6] Wang C H, Rose L R F. Wave reflection and transmission in beams containing delamination and inhomogeneity[J]. Journal of Sound and Vibration, 2003, 264(4): 851-872.

[7] Darpe A K, Gupta K, Chawla A. Coupled bending, longitudinal and torsional vibrations of a cracked rotor[J]. Journal of Sound and Vibration, 2004, 269(1-2): 33-60.

[8] Shen Y, Cesnik C E S. Nonlinear scattering and mode conversion of Lamb waves at breathing cracks: An efficient numerical approach[J]. Ultrasonics, 2019, 94: 202-217.

[9] Alleyne D N, Cawley P. The interaction of Lamb waves with defects[J]. IEEE Transactions on Ultrasonics, Ferroelectrics, and Frequency Control, 1992, 39(3): 381-397.

[10] Tada H, Paris P C, Irwin G R. The Stress Analysis of Cracks Handbook[M]. Hellertown: Del Research Corporation, 1973.

第 10 章 基于时域谱单元方法的桁架结构冲击识别

冲击识别是结构健康监测中一个重要的研究课题，它对结构安全性与可靠性的评估有着重大意义。由于冲击激励可以在短时间内激起结构系统的宽频振动，因此在实际工程中，对结构是否受到冲击载荷激励以及研究冲击应力波在结构中的传播行为受到广泛关注。

桁架结构因其质量轻、结构简单可靠等特点被广泛应用于航空航天及机械、土木等领域，如国际空间站中的主承力结构、大桥和塔吊等结构。桁架结构中的冲击识别相较于板、壳等结构中的识别更加困难，这是由于桁架结构在各个方向上刚度相近，而板、壳等结构的面内刚度要明显区别于其他方向的刚度[1]。因此，桁架结构中的冲击识别问题是结构健康监测领域中的重要研究课题。

近年来，已有许多学者采用卷积方法研究了冲击识别问题。Hollandsworth 等采用传统的卷积方法研究了悬臂梁结构中的冲击识别问题[2]，但这种方法的计算耗费随着模型急剧变化，无法实现在线的健康监测。Khoo 等采用一种伪卷积方法研究了结构的冲击响应[3]，但这种方法的精度严重依赖冲击位置的情况。Kazemi 等基于结构的动力学响应研究了结构的冲击识别[4]。一般地，这类卷积方法会引起矩阵的病态，很难用于非线性系统的求解。

Gaul 等采用小波变换的方法实现了冲击激励的定位[5]。这种方法适用于非线性系统且不需要材料属性等信息即可完成反问题的求解，但这种方法无法实现冲击激励的重构。Yan 等建立了具有全局搜索能力的遗传算法用于求解复合材料板中的冲击识别问题[6]，这种方法可以同时求解激励的位置和波形，但这种方法需要大量参数。为了克服上述方法的缺点，本章基于时域谱单元方法，结合增强型遗传算法，建立了一种适用于大型桁架结构冲击识别的高效方法。

10.1 空间谱杆单元

首先对第 7 章所建立的谱杆单元在求解桁架结构动力学响应的高效性进行了验证分析。如图 10.1 所示，有一平面杆受一脉冲激励，该激励垂直向下作用于杆的右端。杆材料的杨氏模量为 70GPa，横截面积为 $1 \times 10^{-3} m^2$，质量密度为 2600kg/m³。脉冲激励作用的时刻为 $t = 1 \times 10^{-4} s$，幅值为 $1 \times 10^4 N$，选择距离左端支撑点 $l = 0.001m$ 的节点作为监测点。同时采用经典有限元法求解该问题，并与时域谱单元方法进行对比。

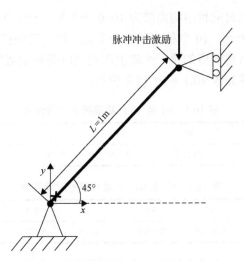

图 10.1　受冲击载荷作用的平面杆结构

　　在冲击识别问题中，各监测点监测到的时域历程曲线中的第一个响应峰所对应的幅值与时间是表征冲击载荷的重要参数。图 10.2 对比了时域谱单元方法与经典有限元法在不同计算规模下的结果。

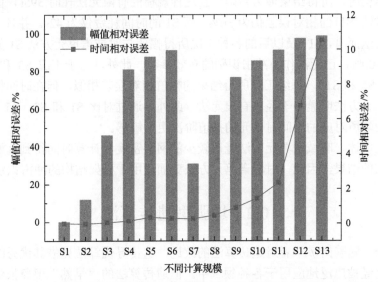

图 10.2　时域谱单元方法与经典有限元法所得结果的幅值与时间相对误差

　　图 10.2 中 S1 至 S13 分别表示 13 种不同的计算规模。其中 S1 至 S6 为时域谱单元方法，分别对应离散结构的 100 个四阶谱单元、50 个六阶谱单元、50 个四阶谱单元、10 个六阶谱单元、10 个四阶谱单元和 5 个六阶谱单元。S7 至 S13 表示

经典有限元法，分别对应将结构离散为 1000 个单元、500 个单元、200 个单元、100 个单元、50 个单元、10 个单元和 5 个单元。以计算规模 S1 为基准，分别求解各种计算规模下所得响应的第一个峰值所对应时间和幅值的相对误差。此外，各种工况的时间耗费如表 10.1 和表 10.2 所示。

表 10.1　S1 至 S6 计算规模的时间耗费

计算规模	S1	S2	S3	S4	S5	S6
时间耗费/s	42.803	23.255	21.979	5.789	5.556	3.363

表 10.2　S7 至 S13 计算规模的时间耗费

计算规模	S7	S8	S9	S10	S11	S12	S13
时间耗费/s	395.417	195.326	78.076	39.309	19.899	4.507	2.528

响应峰的幅值是评价冲击识别方法灵敏度的重要指标，一般地，响应峰的幅值越高，冲击越容易被监测到。由图 10.2 可知，无论是时域谱单元方法还是经典有限元法，计算规模都对结果的峰值有着显著的影响。对于时域谱单元方法，S1 与 S3 所得结果的相对误差已经接近 50%。对于经典有限元法，当采用 1000 个单元离散结构时，所得结果最为精确，且这种规模的有限元法耗时 395s，但与时域谱单元方法(S1)的相对误差仍为 30%，而 S1 的时间耗费仅为 42s。并且，对于经典有限元法而言，S11 及以后的各种工况所得幅值与时域谱单元方法 S1 的相对误差接近 100%，已无法作为冲击识别的有效参数。此外，对于工况 S3 和 S8、S4 和 S9 及 S5 和 S10，每组工况所得结果的幅值相对误差相似，但在时间耗费上，时域谱单元方法明显小于经典有限元法。此外，通过对比 S1 和 S2、S5 和 S6 可知，响应峰所对应的时间对单元的插值阶次更加敏感。

综上所述，时域谱单元方法能以较少的网格密度和计算时间得到远好于经典有限元法的结果，因此，时域谱单元方法更加适用于桁架结构的冲击识别。

10.2　增强型遗传算法

如今，随着诸多学者对遗传算法的改进，遗传寻优算法凭借其优秀的全局搜索能力已经被广泛地应用于各种领域中。但遗传算法的"早熟"现象依然是其最大的缺点，即现有的遗传算法在求解搜索域较大的问题时，极易收敛到局部最优解而丢失真解。因此，这里针对这个问题建立了一种增强型遗传算法。

冲击识别问题一般可以分为冲击定位和激励重构两个步骤。大型桁架结构的冲击识别中，冲击定位一般涉及全部可能受载自由度，其搜索域为离散的形式。激励重构在时间和幅值上则是连续性问题。并且，不同的遗传算法编码方式对算

法的精度与可靠性有着显著的影响。因此，为了以可接受的计算耗费得到更精确
的结果，本章所提出的增强型遗传算法结合了两种不同编码方法分别进行冲击定
位和激励重构。在第一步中，冲击载荷的施加位置通过十进制编码的遗传算法
(DGA)寻优。之后，激励的重构通过十进制与真值混合编码的遗传算法(RGA)实现。

10.2.1　冲击定位

　　本节建立了一种基于分类思想的十进制编码遗传算法用于求解冲击定位问
题。如图 10.3 所示，增强型遗传算法采用了分类的思想，在算法迭代过程中，将
每一代的个体分为 4 个种群，从而能够有效地避免早熟现象，并得到最优解。其
中，种群 1 用于存储迭代过程中的最优解并避免早熟；种群 2 与种群 3 分别用于
在全局搜索域和缩减搜索域中随机寻优；种群 4 的搜索域为种群 1 中的个体及其
相邻节点的合集，负责寻找局部的最优解。

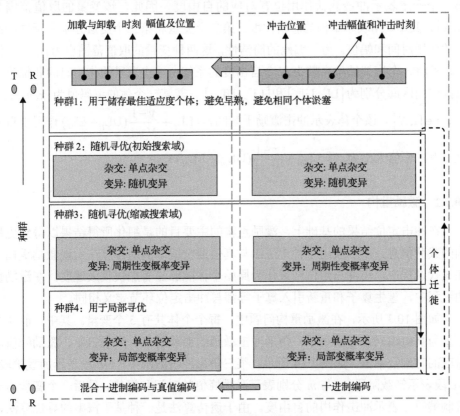

图 10.3　冲击识别的遗传算法框图

　　迭代若干代后，在种群 2 与种群 3 中引入重生算子用于在各自搜索域中重新
生成新的个体。重生算子能够加速遗传算法的收敛，并避免迭代过程中的早熟。

在种群 1 和种群 4 中，设计重新引入算子。这种算子将种群 1 的个体重新覆盖到种群 4 中，用于修正种群的进化方向。一般地，少量的重生算子结合较多的重新引入算子可以明显加快寻优算法的收敛速度。

此外，为了模拟种群之间的信息和基因交流，设计了迁徙算子，用于增加各种群之间个体的流动性，避免丢失最优解。对于每个个体，除了自身编码外，还赋予其标签和等级信息。标签信息用于区分个体之间的独立性，避免相同个体进入种群 1 中而导致个体淤塞，引起早熟现象。等级信息用于在遗传算法的轮盘选过程中，放大适应度较好的个体的优势，加快算法的收敛速度。

在实际工程中，一般结构所受到的冲击载荷有加载和卸载过程。在冲击定位环节，为了能够实现快速识别，将冲击载荷简化为脉冲激励的形式。如图 10.3 所示，冲击定位问题的遗传算法采用十进制编码，每个个体由三个变量组成。其中，第一个变量表示冲击载荷作用位置对应的自由度，因此，该变量的取值范围为 $[1, N]$，其中，N 表示结构的总自由度。第二个变量和第三个变量分别表示冲击激励的作用时间和幅值。为了编码的简洁性，这两种变量的取值范围也为 $[1, N]$。例如，若将一个桁架结构离散为 N 个自由度的系统，冲击激励的作用时间和幅值的可能作用区间分别为 $[LL_t, UL_t]$ 和 $[LL_m, UL_m]$。若某一个体的编码值为 $[x, y, z]$，$x, y, z \in [1, N]$。该个体表示冲击激励于时间 $t = LL_t + \dfrac{y-1}{N-1}(UL_t - LL_t)$ 作用于自由度 x 上，幅值大小为 $f = LL_m + \dfrac{z-1}{N-1}(UL_m - LL_m)$。

10.2.2 激励重构

在冲击定位结果的基础上，激励重构的主要目的是细化所得结果以得到更精确的载荷信息。本节采用一种十进制与真值混合编码的遗传算法实现激励重构。在迭代过程中，将冲击定位结果作为原始个体能够显著加快收敛速度。在激励重构过程中，重生算子和重新引入算子等都与冲击定位环节定义相同。

如图 10.3 所示，在激励重构问题中，每个个体共有 5 个变量。其中，前 4 个变量为真值编码，分别表示三角形冲击激励的加载斜率、卸载斜率、激励峰值所对应的时刻及幅值。如图 10.4 所示，某三角形冲击激励中，b-a 段表示加载阶段，a-c 段表示卸载阶段，t 与 m 分别表示激励峰值的时间和幅值。最后一个变量为十进制编码，表示冲击作用的自由度。由于遗传算法是一种基于概率的寻优算法，为了保证冲击识别方法的可靠性，再次将激励位置引入变量，保留了优化冲击位置的可能性，避免冲击定位失败。

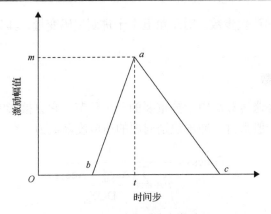

图 10.4　三角形冲击激励

与冲击定位问题不同的是，种群 2、种群 3 和种群 4 分别对应不同的变异策略。种群 2 用于寻找全局搜索域中可能的个体，其变异策略为

$$x_i = \mathrm{LL}_i + r \times (\mathrm{UL}_i - \mathrm{LL}_i) \tag{10.1}$$

式中，x_i、UL_i 和 LL_i 分别表示第 i 个变量及其取值范围的下、上限；r 为 0~1 的随机数。

种群 3 负责在缩减域内寻找可能的个体，因此，其变异是一种循环的变概率变异。这种策略会使变异的概率随着迭代步数的增加而减小，但当每次重生后，变异的概率又会重置。这种变异可以表达为[2]

$$x_i = x_i + (\mathrm{UL}_i - x_i) \times \left[1 - r_1^{\left(1 - \frac{0.9\mathrm{MOD}(g,R)}{R} \right)} \right], \quad r_2 = 0 \tag{10.2}$$

$$x_i = x_i + (\mathrm{LL}_i - x_i) \times \left[1 - r_1^{\left(1 - \frac{0.9\mathrm{MOD}(g,R)}{R} \right)} \right], \quad r_2 = 1 \tag{10.3}$$

式中，g 和 R 分别表示当前迭代步数和操作重生算子的设定步数；MOD 表示数学中的取余算子。与种群 2 中类似，r_1 表示 0~1 的随机数，r_2 表示 0 或 1。

种群 4 用于在局部范围内寻找最优解，因此，种群 4 的变异策略为

$$x_i = x_i + 0.5 \times (\mathrm{UL}_i - x_i) \times \left[1 - r_1^{\left(1 - \frac{g}{G} \right)} \right], \quad r_2 = 0 \tag{10.4}$$

$$x_i = x_i + 0.5 \times (\mathrm{LL}_i - x_i) \times \left[1 - r_1^{\left(1 - \frac{g}{G} \right)} \right], \quad r_2 = 1 \tag{10.5}$$

式中，G 表示总的迭代步数。对于第五个十进制编码变量，其处理方法与冲击定位问题中一致。

10.2.3　适应度函数

适应度函数是遗传算法中十分重要的一个环节，它直接影响遗传算法的收敛速度与鲁棒性。一般来讲，冲击识别问题的适应度函数为

$$\text{Fitness} = \frac{1}{\varepsilon + \dfrac{\sum(\text{Acc}_\text{m} - \text{Acc}_\text{s})^2}{\text{DOF}_\text{m}}} \tag{10.6}$$

式中，Acc_m、Acc_s 和 DOF_m 分别表示测量所得加速度信号、仿真加速度信号及测量节点的自由度；小量 $\varepsilon = 0.001$ 用于消除适应度函数分母的奇异性。

针对冲击定位问题，轻微的噪声或环境因素引起的相位差都会造成个体适应度水平的剧烈变化而导致算法无法收敛到可靠的结果。因此，这种适应度函数鲁棒性较差，并不适合冲击定位问题。考虑到时域响应信号的空间分布特性，建立了一种特殊的适应度函数，即

$$\text{Fitness} = \left(\frac{1}{\varepsilon + \dfrac{\sum\left(aP_\text{m}^i - bP_\text{s}^i\right)^2}{\text{DOF}_\text{m}}}\right) \times \left(\frac{1}{\varepsilon + \left(\text{DOF}_\text{m}^P - \text{DOF}_\text{s}^P\right)^2}\right) \tag{10.7}$$

式中，P_m^i 和 P_s^i 分别表示每个监测点处测量所得信号的峰值和仿真信号的峰值，DOF_m^P 和 DOF_s^P 分别表示测量峰值所对应的自由度和仿真峰值所对应的自由度。因此，适应度函数 (10.7) 直接与响应的峰值及对应的自由度相关，这样一来，便能有效克服环境噪声的影响。此外，式 (10.7) 中每个监测点处系数 a 和 b 定义为

$$a = 1 - \frac{a_1 - a_0}{2}, \quad b = 1 - \frac{b_1 - b_0}{2} \tag{10.8}$$

式中，a_0 表示第 i 个传感器与第 $i-1$ 个传感器所得峰值的差；a_1 表示第 i 个传感器与第 $i+1$ 个传感器所得峰值的差。同理，b_1 和 b_0 为仿真信号不同监测点处的峰值差。如图 10.5 所示，实线由各测量信号的最大值点相连而成，点画线和虚线分别表示两种预测响应在监测点处最大值点的连线。由式 (10.7) 和式 (10.8) 可知，当考虑系数 a 与 b 时，所建立的适应度函数能够有效地区分不同的仿真结果，加速收敛[3]。

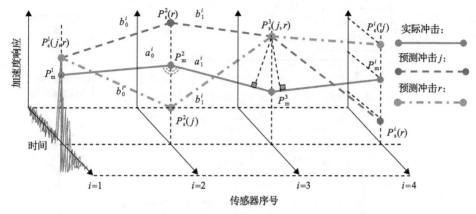

图 10.5　监测到的响应信号与两种预测仿真响应信号对比

10.3　冲击识别算法

10.3.1　缩减域的设计

由 10.2 节可知，在冲击定位环节中，每一次迭代之后，最佳适应性个体都会存储在种群 1 中，而在所建立的遗传算法中，种群 3 主要在缩减域内寻优。该缩减域定义为种群 1 中节点及其相连节点的所有自由度的合集。此外，对于真值编码的遗传算法，其缩减搜索域可以由种群 1 中个体的平均值及其标准差计算。在每隔固定迭代步数后，缩减域搜索按照下式更新：

$$更新后的缩减搜索域 = 平均值 \pm 窗口数 \times 标准差$$

更新后的缩减搜索域应为原始搜索域的子集。在本书的研究中，窗口数选为 4。

10.3.2　冲击识别的分步算法

如图 10.6 所示，给出了冲击识别两步算法的流程图。其中，h 表示每一步中的迭代数，$\text{Gen}h$ 表示引入重生算子的设定步数。一般来讲，冲击定位问题所需的迭代步数远小于激励重构问题中的迭代步数，这是由于响应对冲击位置的变化更加敏感。因此，十进制编码的遗传算法能够以较快的速度收敛。假设在每一代中，个体数目为 P，则在一次冲击识别问题中，需求解桁架结构的冲击响应 $h \times \text{Gen}h \times P$ 次，这就需要大量的计算时间与内存。而在冲击识别问题中，计算速度是评价识别策略的重要指标之一。因此，针对上述问题，本节采用了适用于增强型遗传算法的并行运算框架。在迭代过程中，多核 CPU 并行计算每个预测冲击位置处的响应。当求解大型桁架结构系统时，算法的效率大大提升。

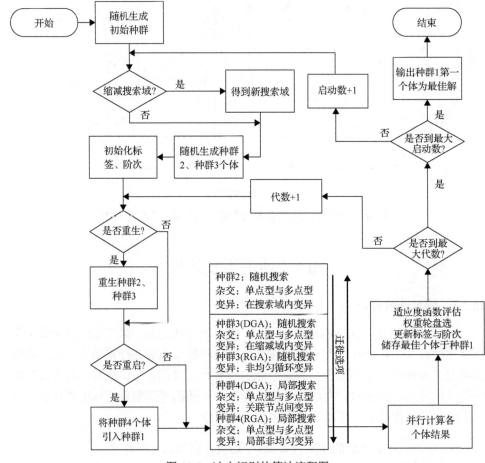

图 10.6　冲击识别的算法流程图

10.4　MATLAB 应用程序

空间桁架谱单元的计算框架在第 7 章中已经给出，这里不再赘述。以下给出了以加速度信号为例的冲击识别计算主程序，读者可根据实际问题，设置合适的遗传算法参数。

```
clc;
clear all;
tic
%parameters configuration%
%para_GA=[h,genh,Pop_size,re_g,re_i,Sdof,Sendof]
h=para_GA(1);% number of Runs;
```

```
genh=para_GA(2);%number of generations in each Run ;
Pop_size=para_GA(3);%number of individuals ;
re_g=para_GA(4);%the steps between two regeneration;
re_i=para_GA(5);%the steps between two reintroduction;
Sdof=para_GA(6);%All possible DOF in initial search domain;
Sendof=para_GA(7);%the sensors location;
Num_Sdof=length(Sdof);

K=model.stiffness;
M=model.mass;
BD=model.boundary_condition;
EL=model.external_loading;
load('Acc_mea');%load the measured signals;

%%%%%%%%%%%%%%
%impact location%
%generate the initial population;
%Individual=[Impact location Impact magnitude impact time] ;
Initial_Pop=Sdof(randi([1,Num_Sdof],Pop_size,3));
%calculate the response of initial population;
[Acc_pre]=sol_mode(K,M,Initial_Pop,Sdof,BD,Pop_size,model,Sendof,EL);
%calculate the fitness of initial population;
Fit=Fit_Fun_R(Acc_pre,Acc_mea);
%code the populations;
%V_str=[loading location amplitudetime fitness ];
V_str=zeros(Pop_size,4);%the last column is fitness of individuals ;
V_str(:,1:3)=Initial_Pop;
V_str(:,4)=Fit;
%sequencing the population;
%V_str(:,5)=tag information;
%V_str(:,6)=rank information;
V_str=sortrows(V_str,-4);
V_str(1:(Pop_size/4),5)=1;
V_str(:,6)=Pop_size:-1:1;
%configuration of initial search domain of species 2 and 3;
BD_sp2=Sdof;
BD_sp3=Sdof;
%sort the population into 4 species.
V_sp1=V_str(1:(Pop_size/4),1:3);
V_s1=V_str(1:(Pop_size/4),:);% store individuals in species 1;
V_sp2=V_str((Pop_size/4)+1:(Pop_size)/2,1:3);
```

```
V_sp3=V_str((Pop_size/2)+1:(Pop_size/4*3),1:3);
V_sp4=V_str((Pop_size/4*3+1):end,1:3);
%plot the fitness diagram.
figure(2);
bar(1,V_str(1,4));
hold on
for i=1:h
    if i~=1
    %reduction of search domain for species 3;
    [BD_sp3]=SDR_Fun(V_sp1,model,Sdof);
    %generate new individuals for species 3;
[V_sp3]=Random_gene(BD_sp3,Pop_size);
end
for j=1:genh
if mod(j,re_g)==0
            %regeneration operator for species 2 and 3;
            [V_sp2,V_sp3]=Regen(BD_sp2,BD_sp3,Pop_size);
end
if mod(j,rei)==0
            %reintroduction operator for species 1 and 4;
            V_sp4=V_sp1;
end
%GA operation%
    V_sp2=GA_oper2(V_sp2,BD_sp2,Pop_size,Sdof);
    V_sp3=GA_oper3(V_sp3,BD_sp3,Pop_size,Sdof);
    V_sp4=GA_oper4(V_sp4,model,Pop_size,Sdof);
%migration%
    [V_sp2,V_sp3,V_sp4]=Mig_Fun(V_sp2,V_sp3,V_sp4,Pop_size);
    %individuals for next generation%
    D_str=[V_sp1;V_sp2;V_sp3;V_sp4];
    %calculate the fitness for individuals %
    [Acc_pre]=sol_mode(K,M,D_str,Sdof,BD,Pop_size,model,Sendof,EL);
    Fit=Fit_Fun_R(Acc_pre,Acc_mea);
%Refresh Tag and Rank
    Newtag=ismember([V_sp2;V_sp3;V_sp4],V_sp1,'rows');
    V_str(:,1:3)=[V_sp1;V_sp2;V_sp3;V_sp4];
    V_str(:,4)=Fit;
    V_str(1:Pop_size/4,5)=1;
    V_str((Pop_size/4)+1:end,5)=Newtag;
    V_str=sortrows(V_str,-4);
    V_str((Pop_size/4)+1:end,5)=0;
```

```
    V_str(:,6)=Pop_size:-1:1;
%Roulette wheel and selection
    V_str=RW_Fun(V_str,Pop_size);
    V_str=sortrows(V_str,-4);
%check tag%
    seq=find(V_str(1:(Pop_size/4),5)==0);

if isempty(seq)==0
            V_sp11=[V_s1;V_str(seq,:)];
            V_sp11=sortrows(V_sp11,-4);
            V_sp12=V_sp11(:,1:4);
            V_sp12=unique(V_sp12,'rows','stable');
            V_sp1=V_sp12(1:Pop_size/4,1:3);
            V_s1(:,1:4)=V_sp12(1:Pop_size/4,1:4);
end
%plot the fitness bar%
    x=(i-1)*genh+j;
    bar(x,V_s1(1,4));
    hold on
end
end
%%%%%%%%%%%%%%%

%extract the best individual;
Best=V_str(1,:);
%impact identification%
[imp_iden]=R_GA(Best,Sdof,Pop_size,Acc_mea,model,Sendof,K,M,BD,EL);
```

其中，关于激励重构的真值混合编码的遗传算法(**R_GA**)程序实现如下：

```
function [imp_iden ] =
R_GA(Best,Pop_size,Acc_mea,model,Sendof,K,M,BD,EL)
%extract the best individual of impact location.
Imp_dof=Best(1);

%configure the search domain.
%defined by users.
UL=[UL_slope;UL_slope;UL_Tim;UL_Mag];
LL=[LL_slope;LL_slope;LL_Tim;LL_Mag];
```

```
%%%mapping from number of node to DOF in SEM model.
%each node has 3 DOF.
loc=Imp_dof;
re=mod(loc,3);
loc=ceil(loc/3);
[fr,ft]=ismember(loc,model.ElementNode(:,1));
[~,fy]=ismember(loc,model.ElementNode(:,2));
if fr==1
     lop=model.GLLpoint(ft,1);
else
     lop=model.GLLpoint(fy,model.NGLL);
end
if re==0
lop=lop*3;
else
if re==1
        lop=lop*3-2;
else
        lop=lop*3-1;
end
end

%generate initial generation.
%V_str=[loading slope,unload slope,applied time;magnitude;fitness;tag;
rank].
%the load location can be considered here if the system is complex.
V_str=zeros(Pop_size,7);
alpha=rand(Pop_size,4);
for p=1:Pop_size
V_str(p,1:4)=LL´+alpha(p,:).*(UL´-LL´);
end
V_str=floor(V_str);
Initial_Pop=V_str(:,1:4);

%Calculate the fitness for initial generation.
[Acc_pre]=sol_mode2_R(K,M,Initial_Pop,BD,Pop_size,model,Sendof,lop,E
L);
Fit=Fit_Fun_R(Acc_pre,Acc_mea);
V_str(:,5)=Fit;
V_str=sortrows(V_str,-5);
V_str(1:(Pop_size/4),6)=1;
V_str(:,7)=Pop_size:-1:1;
```

```
%Configuration of the regeneration and reintroducation.
re_g=2;
re_i=30;

%define the initial search domain for species 2 and 3.
BD_sp2=[LL UL];
BD_sp3=[LL UL];

%sort the individuals ;
V_sp1=V_str(1:(Pop_size/4),1:4);
V_s1=V_str(1:(Pop_size/4),:);%store the species 1 ;
V_sp2=V_str((Pop_size/4)+1:(Pop_size)/2,1:4);
V_sp3=V_str((Pop_size/2)+1:(Pop_size/4*3),1:4);
V_sp4=V_str((Pop_size/4*3+1):end,1:4);
%plot the fitness bar ;
figure(4);
bar(1,V_str(1,5));
hold on

h=3;
genh=10;
win_para=4;%windows parameter ;

for i=1:h
    if i~=1
    %reduction of search domain for species 3
    [BD_sp3]=SDR_Fun_R(V_sp1,win_para,BD_sp2);
    [V_sp3]=Random_R(BD_sp3,Pop_size);
end
    for j=1:genh
    %regeneration and reintroduction operators;
    if mod(j,reg)==0
                [V_sp2,V_sp3]=Regen_R(BD_sp2,BD_sp3,Pop_size);
end
if mod(j,rei)==0
                V_sp4=V_sp1;
end

%GA operation%
    V_sp2=GA_oper2_R(V_sp2,BD_sp2,Pop_size);
    V_sp3=GA_oper3_R(V_sp3,BD_sp3,Pop_size,j,reg);
    V_sp4=GA_oper4_R(V_sp4,Pop_size,j,genh,BD_sp2);
```

```
%migration%
     [V_sp2,V_sp3,V_sp4]=Mig_Fun(V_sp2,V_sp3,V_sp4,Pop_size);
%generate individuals in next generation;
     D_str=[V_sp1;V_sp2;V_sp3;V_sp4];

     [Acc_pre]=sol_mode2_R(K,M,D_str,BD,Pop_size,model,Sendof,lop,EL);
     Fit=Fit_Fun_R(Acc_pre,Acc_mea);
%Refresh Tag & Rank;
     Newtag=ismember([V_sp2;V_sp3;V_sp4],V_sp1,'rows');
     V_str(:,1:4)=[V_sp1;V_sp2;V_sp3;V_sp4];
     V_str(:,5)=Fit;
     V_str(1:(Pop_size/4),6)=1;
     V_str((Pop_size/4)+1:end,6)=Newtag;
     V_str=sortrows(V_str,-5);
     V_str((Pop_size/4)+1:end,6)=0;
     V_str(:,7)=Pop_size:-1:1;
%Roulette wheel and selection;
     V_str=RW_Fun_R(V_str,Pop_size);
     V_str=sortrows(V_str,-5);
%check tag%
     seq=find(V_str(1:(Pop_size/4),6)==0);

if isempty(seq)==0
             V_sp11=[V_s1;V_str(seq,:)];
             V_sp11=sortrows(V_sp11,-5);
             V_sp12=V_sp11(:,1:7);
             V_sp12=unique(V_sp12,'rows','stable');
             V_sp1=V_sp12(1:Pop_size/4,1:4);
             V_s1(:,1:5)=V_sp12(1:Pop_size/4,1:5);
         end
%plot the fitness bar;
     x=(i-1)*genh+j;
     bar(x,V_s1(1,5));
     hold on
end
end
imp_iden =V_s1(1,:);
hold off
```

下面以种群 2 为例，给出了遗传算法 GA_oper2 操作的具体程序，包括迭代、杂交、变异及迁徙等操作的算法实现：

```
function V_sp2=GA_oper2(V_sp2,BD_sp2,Pop_size,Sdof)
%Crossover%
Pc=0.8; %probability of crossover.
j=0;
for i=1:(Pop_size/4)
    r=rand;
if r<Pc
        j=j+1;
        select_indi(j)=i;
end
end
if j~=0
[ select_indi ] = Shuffle(j, select_indi);
[ V_sp2 ] = Crossover(j,V_sp2,select_indi,Sdof);
end
%Mutation
Pm=0.1;
[ V_sp2 ] = Mutation(V_sp2,Pm,Pop_size,BD_sp2);
end


function [ select_indi ] = Shuffle(j, select_indi)
ranNum=rand(1,j);
temp=zeros(1,j);
for i=1:j
    [~, loc]=max(ranNum);
    temp(i)=select_indi(loc);
end
select_indi=temp;
end


function [ V_str ] = Crossover(j,V_str,select ,Sdof)
ranNum =rand;
[~,b]=ismember(V_str,Sdof);
if (mod(j,2)==1)
    j=j-1;
end
for i=1:2:j
    parent1=b(select(i),:);
    parent2=b(select(i+1),:);
    b(select(i),:)= ranNum *parent1+(1- ranNum)*parent2;
    b(select(i+1),:)= ranNum *parent2+(1- ranNum)*parent1;
end
```

```
b=floor(b);
V_str=Sdof(b);


function [ V_str ] = Mutation(V_str,Pm,Pop_size,BD_sp)
Num_Sdof=size(BD_sp,2);
for i=1:(Pop_size/4)
    ranNum=rand;
if ranNum<Pm
    V_str(i,1)=BD_sp(randi([1,Num_Sdof]));
end
end
end


function [V_sp2,V_sp3,V_sp4]=Mig_Fun(V_sp2,V_sp3,V_sp4,Pop_size)
%probability of migration.
Pmi=0.05;
for i=1:(Pop_size/4)
    r=rand;
if r<Pmi
        a=V_sp3(i,:);
        V_sp3(i,:)=V_sp2(i,:);
        V_sp2(i,:)=a;
end
end
for i=1:(Pop_size/4)
    r=rand;
if r<Pmi
        b=V_sp4(i,:);
        V_sp4(i,:)=V_sp3(i,:);
        V_sp3(i,:)=b;
end
end
```

10.5　应 用 算 例

10.5.1　二维桥梁桁架结构的冲击识别

　　桁架结构被广泛应用于土木中的桥梁结构。如图 10.7 所示，有一常见的桥梁结构缩比模型。结构跨度为 12m，高为 2.3m，共包含 21 个杆单元、12 个节点和 21 个可动自由度。结构在节点 1 处铰支，在节点 12 处简支。桁架结构由钢杆组成，材料的杨氏模量为 210GPa，质量密度为 7850kg/m³，钢杆的横截面积为 16×

10^{-4}m^2。为了简化问题，这里仅考虑垂直方向的冲击载荷。

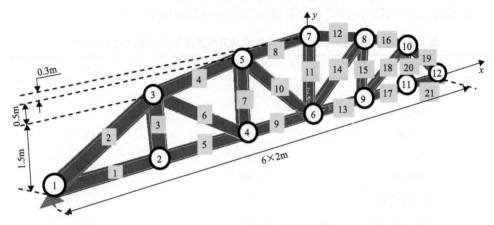

图 10.7　一种典型的二维桥梁结构

　　考虑到在实际工程应用中，结构在服役期间总是承受各种载荷，而外部载荷会对冲击识别的结果有一定的影响，因此，考虑在结构的 2 号、4 号、6 号、9 号、11 号和 12 号节点施加垂直向下的外激励。外激励为随机正弦激励信号，该正弦信号包含结构的第一阶固有频率 21.79Hz 到最后一阶固有频率 566.96Hz 所有的频率成分。分别在外激励峰值为 0N、100N 和 200N 三种工况下进行冲击识别。在结构中共布置 6 个传感器，分别安装在 3 号、4 号、6 号、7 号、9 号和 10 号节点处，传感器可测量每个节点水平方向和竖直方向的加速度响应。例如，当外部载荷峰值为 200N 时，考虑在 8 号节点加一冲击激励（如图 10.8 所示）。

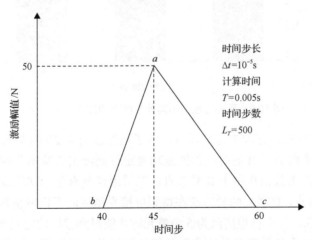

图 10.8　冲击激励的时域曲线

　　基于同样的增强型遗传算法，同时采用经典有限元法与时域谱单元方法求解该冲击识别问题。遗传算法中各参数的选择如表 10.3 所示。针对每种外激励情况，进行五次重复仿真后，冲击定位和激励重构的结果如图 10.9 所示。

表 10.3　桥梁桁架结构冲击识别问题的增强型遗传算法参数（DGA 和 RGA）

算法参数	DGA	RGA
个体数(种类 1~4)	4×6	4×6
迭代步数	10	30
杂交概率	0.8	0.5
变异概率	0.1	0.2
迁徙概率	0.05	0.05
重生算子步数	1	3
重新引入算子步数	5	30

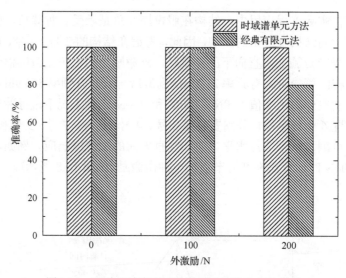

图 10.9　两种方法在不同外激励下的冲击定位结果

由图 10.9 可知，在冲击定位环节，除了当外载荷为 200N 时采用经典有限元法有一次定位失败外，其他情况都能成功地定位到冲击载荷所作用的位置。在该失败情况下，冲击载荷作用于 8 号节点，但采用经典有限元法将载荷定位到与其相连的 10 号节点。此外，两种方法在得到可接受结果时所需网格数差异较大。对于经典有限元法，每个杆被离散为 5 个单元时才能得到较好的定位结果。对于时域谱单元方法，每个杆被离散为一个三阶插值的谱单元时能得到可靠的结果。为了进行更直观的对比，表 10.4 给出了两种方法的计算规模和时间耗费对比，每种方法均采用 Intel i7-3770 4 核 CPU 进行并行计算。

表 10.4　冲击定位问题中两种方法计算规模和时间耗费比较

方法	单元数量	总自由度	时间耗费/s
时域谱单元方法	21（三阶插值）	66	2.54
经典有限元法	105	192	7.06

由表 10.4 可知，相较于传统的经典有限元法，时域谱单元方法在求解冲击定位问题时效率更高，可靠性更好。此外，当结构尺寸增加时，两种方法的时间耗费的差距会更加明显。激励重构环节对响应的仿真结果的精度有着更高的要求。为了更加客观地对比经典有限元法与时域谱单元方法，在激励重构环节两种方法都采用同样的计算网格。当两种方法计算规模一致时，采用时域谱单元方法重构激励大约需要 9.24s，而采用经典有限元法大约需要 60.42s。如图 10.10 所示，重构激励的相对误差 PRE 由实际激励与预测激励之间的面积差计算，即

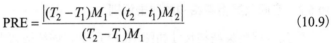

$$\text{PRE} = \frac{\left|(T_2 - T_1)M_1 - (t_2 - t_1)M_2\right|}{(T_2 - T_1)M_1} \tag{10.9}$$

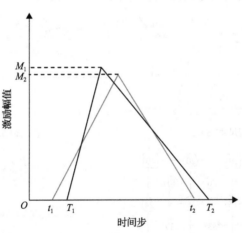

图 10.10　实际激励与预测激励

这样既考虑了加载与卸载的斜率，又考虑了激励的峰值及其作用时间。进行十次重复实验对结果取平均值后，结果如图 10.11 所示。采用时域谱单元方法重构激励的相对误差不超过 20%，但采用经典有限元法时，相对误差大约为 50%。综上所述，相较于经典有限元法，时域谱单元方法在求解桁架结构的冲击识别问题中有着较大的优势。

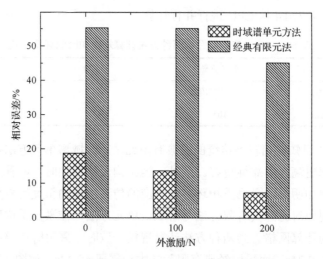

图 10.11　两种方法在不同外激励下激励重构的相对误差

10.5.2　空间双层桁架结构的冲击识别

空间双层桁架结构尺寸如图 10.12 所示。该结构共由 128 根铝杆组成，含 41

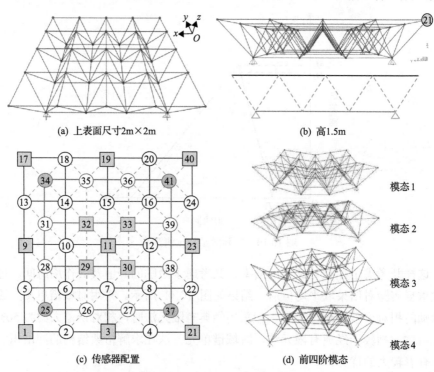

(a) 上表面尺寸2m×2m　　　　　(b) 高1.5m

(c) 传感器配置　　　　　(d) 前四阶模态

图 10.12　空间双层桁架结构

个节点和 111 个可动自由度。该结构由其底面四角的节点处铰接固定，铝杆的横截面积为 11.66cm^2，杨氏模量为 69GPa，质量密度为 2600kg/m^3。假设该结构仅承受垂直方向的冲击响应。

该桁架结构的前四阶固有频率为 44.06Hz、51.9Hz、63.12Hz 和 74.78Hz，最后一阶频率为 797.33Hz，因此，将频带为 40~800Hz 的随机正弦激励作为外激励，施加在结构的 29 号、30 号、32 号和 33 号节点。如图 10.13 所示，外激励的峰值为 200N。此外，经过传感器拓扑优化，传感器配置如图 10.12 所示，其中矩形元素表示传感器。

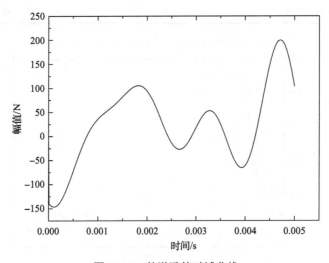

图 10.13　外激励的时域曲线

在求解该空间桁架结构中的冲击响应时，增强型遗传算法的相关参数设置如表 10.5 所示。采用时域谱单元方法模拟结构中的冲击响应时，时间步长选为 10^{-5}s。在激励重构环节，冲击激励的取值范围为[4, 5.5]kN，激励施加时刻的范围为[40Δt, 150Δt]，最大加载和卸载斜率的范围均为[0, 25Δt]。分别在寻优过程中采用了式(10.6)和式(10.7)两种适应度函数，并对比了两种结果。

经过 20 次重复仿真，结果表明两种适应度函数都能成功实现冲击定位。其中，式(10.6)的计算时间约为 120s，改进后的函数式(10.7)计算时间约为 125s。然而，在定位过程中，式(10.6)所得最佳个体的适应度为 10^{-8} 数量级，式(10.7)所得最佳个体的适应度为 10^{-4} 数量级。将两种收敛路径的适应度进行归一化处理后，得到的适应度-迭代步数曲线如图 10.14 所示。对于函数式(10.6)，迭代到 b 点时收敛，大约需要 87.1s，对于函数式(10.7)，迭代到 a 点即收敛，大约需要 33.9s。因此，综合来看，在求解冲击定位问题中，适应度函数式(10.7)收敛速度更快。

表 10.5　空间双层桁架结构冲击识别问题的增强型遗传算法参数（DGA 和 RGA）

算法参数	DGA	RGA
个体数(种类 1~4)	4×6	4×6
迭代步数	20	30
杂交概率	0.8	0.5
变异概率	0.1	0.2
迁徙概率	0.05	0.05
重生算子步数	1	2
重新引入算子步数	5	30

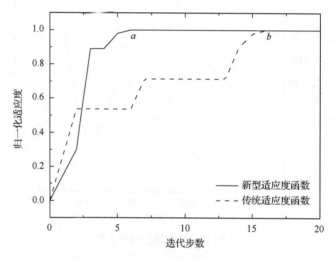

图 10.14　两种适应度函数的收敛路径

10.6　本 章 小 结

　　本章结合增强型遗传算法的寻优能力和时域谱单元方法的快速求解特性，建立了一种用于求解桁架结构中冲击识别的方法。在寻优过程中，所建立的遗传算法采用分类的思想将个体分为 4 个种群，每个种群独立地进行寻优，有效地避免了传统遗传算法中早熟的问题。改进后的适应度函数和缩减的搜索域也大大加快了算法的寻优速度。相较于经典有限元法，本章所采用的时域谱单元方法计算耗费小，且对模拟冲击激励这种突变载荷的传播行为效果更好。为了解决冲击识别的快速响应要求与寻优算法中大量动力学仿真的耗时之间的矛盾，本章还建立了适用于并行计算的算法框架。

　　另外，本章求解了平面桥梁桁架结构和三维空间双层桁架结构在受到外载荷作用下的冲击识别问题，结果验证了所建立识别策略的有效性。通过与经典有限元法对比，时域谱单元方法在冲击定位环节能够更快地成功定位，在激励重构部分，对冲击激励的重构也更为精确。综上所述，本章提出的基于时域谱单元方法的冲击识别策略能够快速、有效地求解结构中的未知冲击激励。

参 考 文 献

[1] Hossain M S, Zhi C O, Ng S C, et al. Inverse identification of impact locations using multilayer perceptron with effective time-domain feature[J]. Inverse Problems in Science & Engineering, 2017, 26(3): 1-19.

[2] Hollandsworth P E, Busby H R. Impact force identification using the general inverse technique[J]. International Journal of Impact Engineering, 1989, 8(4): 315-322.

[3] Khoo S Y, Ismail Z, Kong K K, et al. Impact force identification with pseudo-inverse method on a lightweight structure for under-determined, even-determined and over-determined cases[J]. International Journal of Impact Engineering, 2014, 63: 52-62.

[4] Kazemi M, Hematiyan M R. An efficient inverse method for identification of the location and time history of an elastic impact load[J]. Journal of Testing and Evaluation, 2009, 37(6): 545-555.

[5] Gaul L, Hurlebaus S. Identification of the impact location on a plate using wavelets[J]. Mechanical Systems and Signal Processing, 1998, 12(6): 783-795.

[6] Yan G, Zhou L. Impact load identification of composite structure using genetic algorithms[J]. Journal of Sound and Vibration, 2009, 319(3-5): 869-884.